Bericht Nr. 3201

Berichter: g. h.

Aktenzeichen: VE-D-M25131

Bericht Nr. 3201

Bibliografische Information der Deutschen Nationalbibliothek:

Die Deutsche Nationalbibliothek verzeichnet diese Publikation in der Deutschen Nationalbibliografie; detaillierte bibliografische Daten sind im Internet über http://dnb.d-nb.de abrufbar.

Herstellung und Verlag: BoD – Books on Demand, Norderstedt.
ISBN: 978-3-75193-797-9

Bericht Nr. 3201

Als uns als p k en im Juni dieses Jahres mit Absender Gratian Hartwig ein Dokument zugesandt wurde, waren wir etwas überrascht. Wir waren geneigt, den „Bericht 3201" als eine interessante aber unmaßgebliche Schrift im Universum der Schriften ad acta zu legen.

Die Aktualität der behandelten Themen führte dann doch dazu, die dargelegten Aussagen genauer zu betrachten.

Zwei Dinge fielen uns dabei ins Auge:

- Dualität, die uns heute weltweit als rigide Digitalisierung beherrscht, hatte bereits in China zu einer ähnlichen Erstarrung geführt. Richard Wilhelm, Übersetzer von „Das Buch der Wandlungen", schreibt dazu 1923 in seiner Einleitung: „So ist es denn gekommen, daß immer spitzfindigere kabbalistische Spekulationen das Buch der Wandlungen wie mit einer Wolke des Geheimnisvollen umgaben, und indem sie alles Vergangene und Künftige in ihr Zahlenschema einfingen, dem I Ging den Ruf eines Buchs voll unverständlicher Tiefe verschafften, wie sie auch die Ursachen wurden, daß die Keime einer freien chinesischen Naturwissenschaft, wie sie noch zur Zeit eines Mo Di und seiner Schüler unstreitig vorhanden waren, getötet wurden und einer öden, von aller Erfahrung unbeeinflussten Tradition von Bücherschreibern und Bücherlesern Platz gemacht haben, die China in westlichen Augen so lange das Aussehen einer hoffnungslosen Erstarrung verlieh"
- Kausalität und Mathematisierung haben offenbar ausgedient ⇨ Bankenkriese, Abgasskandal, Flughafen BER, ….

Sowohl Griechen wie Asiaten waren großer Verehrer der Dualität. Diese etwas simple Auffassung liegt irgendwo im Dunkeln menschlicher Entwicklung. Licht und Schatten, Tag und Nacht, Leben und Tod sind wohl die ersten Empfindungen von Gegensätzlichkeit. Da sie aber Bestandteil unserer Wahrnehmung sind, werden sie nicht als solche erlebt oder empfunden. Sie liegen im Wesen unseres Seins.

Unseren Vordenkern aber war das nicht genug. Zeus und Pluto kennzeichnen den abendländischen Strang, Ying und Yang den asiatischen bzw. chinesischen. Die abendländische Deutung über Zeus uns Pluto, Jahrhunderte vor Christus, hat durchaus noch etwas Sinnliches. Zeus, der auf den Olymp thronte, Pluto, der die Unterwelt beherrschte. Beide Welten haben ihre dunkle bzw. auch helle Seite, man denke nur an die Wahl des Paris, also des Amüsements der Götter über die armen Menschen. Ying und Yang stehen da schon viel abstrakter da: selbst im Hellen ist das Dunkle und umgekehrt, wohl abgegrenzt und verführerisch präzise.

Beim Betrachten der sieben Rubriken im „Bericht 3201" findet sich auch diese eigenartige Verwobenheit, mit dem Unterschied, dass Ying und Yang oder Zeus und Pluto keine zwangläufige Verbindung darstellen, sondern als changierende Attribute auf magische Weise Entscheidungen erwarten.

<h1 style="text-align:center">Bericht Nr. 3201</h1>

So fiel es uns nicht schwer, „Bericht 3201" der Öffentlichkeit anzubieten, zumal – wie aus dem Anschreiben zu entnehmen ist – er bereits einer öffentlichen Behörde zur Kenntnis gebracht wurde.

Die darin enthaltenen Texte, Tabellen, Abbildungen und Fotos betrachten wir mit Zuspielung des Berichts als Eigentum des p k en. Ausnahme sind der Text und das Titelbild von „Decoupling Debunked".

Berlin und Ludwigshafen a. Rh., den 5.7.2020

poetisches kollektiv entdecken

udo zawierucha

mailto: p-k-en@gmx.de

B e r i c h t   N r .   3 2 0 1

Aktenzeichen: VE-D-M25131

Berichter: g. h.

Sehr geehrte Frau Oberst,

auch wenn ich Ihnen nicht mehr direkt unterstellt bin, habe ich es doch Ihnen zu verdanken, dass ich noch im Ruhestand ein ausreichendes Auskommen habe. Ich hoffe, Sie nehmen es mir nicht übel, dass ich Ihnen weiterhin aus meinen zahlreichen nicht allgemein zugänglichen Quellen die Ergebnisse *nicht genehmer und nicht genehmigter Forschungsvorhaben und sonstiger Projekte* zukommen lasse.

Nach klassischen Kriterien handelt es sich um eine „Metaphysik des Selbst". Sie zeigt sich in der Selbstbezüglichkeit, die allen biologischen Organismen zu eigen ist und vererbt wird. Der Mensch hat die Selbstbezüglichkeit durch die Selbstverleugnung ersetzt. Die Maschine hat die Kontrolle über ihn übernommen und zwingt ihn, die Erde und die darauf ablaufenden Prozesse nach ihren Vorgaben zu gestalten. Ein Hinweis auf Wesen oder Kräfte, die in der Lage sind, jegliches Leben auf ihre Weise zu beeinflussen.

Das Kriterium meiner Auswahl entspricht der Anweisung der jetzt von Ihnen geleiteten Behörde: die gefühlte Abweichung vom medial, religiös und staatlich propagierten Vernichtungsauftrag der Erde unter der Vorsehung der Allerheiligsten.

Bei den Abweichlern handelt sich um sehr unterschiedliche Organisationen und Organisationsformen bis hin zu verdeckt arbeitenden Einzelpersonen. Entsprechend meiner durch Ihre Behörde durchgeführten Schulung kann ich als vorurteilsfreier Dokumentar keine weiteren Angaben zu den ideologischen Strömungen machen.

Stets zu Diensten, Ihr Ergebener

g. h.

B, den 11. Juni 2020

Bericht Nr. 3201

Inhalt

Text: Der „global player" – das Virozäen, Schriftart: Courier New

Hinweis: mit COVID-19 wird das Krankheitsbild bezeichnet, mit SAR-V2 der Virus selbst.

Geistheilung über Gensequenzen

Der „global player" – das Virozäen

Dass der Coronavirus SAR-V2 ein Selbstmordattentäter ist, zeigt sich daran, dass er sich in seinem infizierten menschlichen Wirt so sehr vermehrt, dass er mit ihm stirbt.

Zur christlichen Osterzeit kann man auf die Idee kommen, dass der Virus einer Auferstehungsidee folgt, indem er noch vor seinem Tod ein weiteres Opfer infiziert und damit am Leben bleibt. In der Schrift „Das Evangelium des Thomas", findet sich dazu der Satz, „erst kommt die Auferstehung, dann der Tod". Seine Infektionskette ist sozusagen das Netz seiner Auferstehungen. Der Virus zeigt die gleiche Selbstzerstörungstendenz wie die gegenwärtige menschliche Gesellschaft. Ihr droht der ökologische Tod oder der Atmungstod durch Luftverschmutzung. Der Virus spiegelt auch in seiner Form der „unbegrenzten Vermehrung" die Situation der Weltbevölkerung wieder, sowie deren Dogma des ökonomischen Wachstums.

Versteht man den Virus als eine archaische Botschaft, so macht sie uns auf Weg in die Selbstvernichtung aufmerksam. Zugleich aber beruhigt sie den sterbenden Menschen mit dem Auferstehungsgedanken als Infektion. Damit erfährt das Christentum im Coronavirus die Wirklichkeit des Auferstehungsgedankens als eine rudimentäre Lebensform, die sich einer höheren Lebensform als ihren Wirt bedient.

Wenn denn der Virus eine schöpferische Notbremse darstellt, die vorausplanende Katastrophe zu verhindern, dann damit, die christliche Welt zu vernichten.

Zukunftsorientierte Ökonomen weisen darauf hin, dass das Coronavirus der Auslöser einer bereits seit langem erwarteten Wirtschaftskrise gewesen sei. Unberücksichtigt wird bleiben, dass der Virus nicht nur Auslöser der Krise war, sondern er selbst Urheber ist. Er ist in Wahrheit der wirkliche „global player" und nicht, wie viele vermuten, eine kleine, weltweit operierende Elite von ökonomischen Machern, die über die Weltgesundheitsorganisation eine geheime Macht zur Weltherrschaft auszuüben gedenken. Der „global player" ist der Virus selbst. Die Situation des Börsencrashs von 1929 lässt sich nicht mit der Heutigen vergleichen. Heute haben die Privat- und Staatsverschuldungen einen triftigen Grund: die fehlende Theorie einer Ökonomie des Lebens selbst. In keiner der klassisch, heute betriebenen Lehren der Ökonomie, weder John Maynard Keynes noch L. van Mieses, hat diese Entwicklung vorhersehen können: die Entstehung von künstlich verlängertem Leben durch Medizin, Chirurgie, Antibiotika, sowie der Organtransplantation. Korruption, Bestechung, Lüge, False Flags und hohe Verschuldungen bleiben als Preis für das künstlich zu erhaltende Leben unberücksichtigt. Als ob Leben keine Ware sei. Leben aber ist die einzige Ware. Und für künstlich zurück erhaltenes oder verlängertes Leben entwickelt sich eine eigene Ökonomie: die der Schatten, der Spekulanten, der Kriegstreiber mit ständiger Drohung mit Atomkrieg, der doch nichts anderes darstellt als eine Drohung zur Rückgabe einer durch Technologien bewirkten Lebensverlängerung. Denn eigentlich müssten diese Menschen bereits tot sein. Dass sie noch leben, das taucht aber in keiner ökonomischen Bilanz als ein Wert auf, sondern lediglich als Schuld oder Korruption. Was kann Staatverschuldung denn anderes sein als unbezahlt gebliebenes zusätzliches Leben eines ganzen Volkes? Was ist denn Korruption anderes, als ein Leben, das es eigentlich schon gar nicht mehr geben darf.

Auch bei der heutigen COVID-19 - Pandemie wird der Staat damit seine Berechtigung beweisen, indem er wieder so viele Leben zu retten versucht wie möglich. Die vom Coronavirus Geretteten müssen ja am Leben erhalten werden, mit frisch gedrucktem Geld. Zudem sind die bereits aus der Vergangenheit bekannten und vor dem Bankrott stehenden vielen Unternehmen zu retten. In einer von reiner Marktwirtschaft gesteuerten Wirtschaft müsste das zum Kollaps führen. Aber wir werden sehen, dass die Staatsverschuldung zu keinem vorausgesagten totalen Kollaps führen wird, und je mehr Menschen durch Beatmungsgeräte vom Tod bewahrt werden, desto höher wächst die Schuldenlast, aber ohne den Staatsapparat zu gefährden. Als Ausgleich wird es dann zu einer Inflation kommen die alle Konten betrifft und die Sparguthaben aller praktisch massiv entwertet.

Ein chaotisch wirkender Virus, und das müsste ein archaischer Virus eigentlich sein der in eine für ihn völlig neuen und fremden Welt eindringt, würde nur irgendwie zuschlagen und quer durch alle Altersgruppen alles vernichten. Warum es eine Einteilung in zu Sterbende, Infizierte und symptomlose Überträger gibt, das wird eine vielleicht mit Karma oder Immunitätsgrad zu beantworten sein. Denn auch bei der Inquisition gab es eine ähnliche Arbeitsteilung. Der Vergleich der Aktivität des Virus mit der Inquisition wird deshalb aktuell, weil z.B. die Deutsche Bundesregierung den Antrag zur Abschaffung des Gesetzes der persönlichen Unversehrtheit gerade bearbeitet. Und das im Namen eines gefährlichen Virus, der durch eine Zwangsimpfung unschädlich gemacht werden soll. Dass es überhaupt ein Grundrecht auf persönliche Unversehrtheit gibt, ist schon eine Schande, aber nach der Inquisition war dies wohl die einzige Möglichkeit, die religiöse Obrigkeit in ihre

Schranken zu weisen. Nun aber wird der Staat selbst zum Großinquisitor, um einen Antikörper gegen den Virus zu verabreichen, unter der Annahme, dass damit die Infektion besiegt sei. Man möge sich hier nicht der Illusion hingeben, der „global player", der globale Planer SAR-V2, wäre in seiner Antiform weniger Autoritär als in seiner virulenten Antigenform.

Was könnte oder wollte er denn eigentlich erreichen, wen wollte er denn nicht erreichen? Die zweite Frage beantwortet sich sogleich, zieht man die Altersstaffelung in Betracht, die von der Zahl der Infektionstoten ausgeht. Alte Menschen überstehen die Sauerstoff Beatmungstherapie wegen meist anderer Vorleiden nicht. Menschen zwischen 70 und 80 Jahren überleben selbst bei gutem Gesundheitszustand selten. Alle anderen mit stabilem Immunsystem können überleben. Jugendliche infiziert der Virus selten, Kinder und Kleinkinder fast nie. Das bedeutet für eine Welt ohne Grundrecht des Einzelnen auf Unversehrtheit seiner Person, freiwillige Euthanasie alter Menschen. Keine Pflicht mehr zu deren Versorgung oder auf ärztliche Behandlung. Damit werden Altenheime unnötig. Viele Belegplätze für künstlich am Leben gehaltenen würden für jüngere Menschen frei werden. Damit stößt der Hippokratische Eid an seine Grenze. Sowie Wachstum um jeden Preis mit der Geburt eine natürliche Grenze anzeigt, so die willkürliche Verlängerung des Lebens um jeden Preis. Nur für diejenigen, die nicht an die Auferstehung glauben, ist jene Lebenserhaltung sinnvoll. Für jeden, auf den die Euthanasie zutrifft, verspricht der Virus Auferstehung. Das Problem ist nur, Auferstehung ist sowieso ein natürlicher Vorgang und zwar für jeden. Der Virus muss dies verschweigen.

Die mit dem SAR-V2 - Antikörper zwangsweise geimpften Menschen stimmen dieser medizinischen Regelung vorbehaltlos zu, eben, indem sie sich <u>nicht</u> für die Beibehaltung des Gesetzes zur Unversehrtheit der Person entschieden haben.

Was will denn die Zwangsimpfung bezwecken? Was kann sie erreichen? Im Grunde genommen nimmt ein vorhandener SAR-V2 - Antikörper den Menschen die Möglichkeit seiner Zwangszerstörung. Denn spiegelt sich der Virus in unserer Gesellschaft wieder, so wird dessen Ende auch das Ende der ökologischen Selbstzerstörung des Menschen sein. Diese scheinbare Gleichartigkeit der Aktivität in der menschlichen Gesellschaft mit dem Verhalten des Virus lässt die Frage nach seiner Herkunft erneut entstehen. Wenn er kein archaisches Programm ist, sondern seine Gegenwart bereits Programm ist, dann ist er auch erst in der Gegenwart entstanden … Das „Buch des Lebens" zu dem alle biologischen Lebewesen gehören, konditioniert sich selbständig durch das Leben und dessen Anforderungen. Das bedeutet, es findet eine Selbstorganisation der Natur statt, die auch das Selbstopfer nicht scheut, um die ihre Zerstörung verursachenden Gründe zu beseitigen. Ein logischer Fall von Autopoiese einer sich gegen sich selbst wehrenden Natur. Viele geschädigte Bereiche der biologischen, der atomaren, sowie der menschlichen Natur sind daran beteiligt. Ohne dabei über sich selbst hinaus übergeordnet zu reflektierten, hat sich aus diesem Puzzle von Einzelbereichen ein Virus konzipiert, der ihre Interessen nun zusammenfasst und sie aktiv vertritt, das *poesion*. Es sind diejenigen Menschen, die bisher vergeblich gegen den industriellen Komplex agiert haben, der lediglich auf maximalem Profit und unbegrenztem Wachstum beruht und die Natur dabei zerstört. Es sind die Kollektive im Buch des Lebens, die abgehackten Bäume, die Schlachttiere, die Sklavenarbeiter des Planeten, die sich in Autopoiese gegen den Genozid auflehnen. Vielleicht fällt es den Menschen schwer, sich als Krönung der Schöpfung selbst zu enthaupten, und den Glauben an das, was auf der ersten Seite der Bibel über seine Rolle der Herrschaft über die Natur steht, zu bezweifeln. Nun aber steht das gesamte Wohl der Natur und des Menschen auf dem Spiel. Von der vermeintlichen Freiheit durch einen Gott darf man wohl Abstand nehmen. Diese sich selbst zu opfern bereiten Kräfte, sie alle bilden die Bausteine im genetischen Code des Coronavirus.

Das Ergebnis der weltweit erzwungenen Impfung wird demnach sein, den Glauben an Gott durch den Glauben an eine Spritze zu ersetzen. Die von Christen geliebte Auferstehung findet nicht irgendwo im Himmel, sondern in ihrem eigenen Körper als Opfertod statt.

Antigen: 16, 63, 23, 64, 09, 49, 46, 21

Begeisterung (16) über die Infektionskraft (63) Zersplitterung (23) und Infektionstod (64) durch das Antigen (09). Dessen revolutionäre Umwandlung (49) fordert massiv (46) die Kunst des Überlebens (21).

Antibody: 09, 64, 43, 63, 16, 04, 45, 48

Der Antikörper wirkt (09), selbst wenn es den Tod bedeutet (64), ist entschlossen (43) seine Aufgabe, die Auferstehung zu vollenden (63) und ist bereit (16) die gewesenen Zwänge, Systemfehler und Menschenopfer (04) insgesamt, obgleich in so großer Anzahl (45) zu verantworten (48).

* * *

Ergänzendes Material, vom Berichterstatter an anderer Stelle gefunden:

Die Nummer geben eine Sequenz des Corona-Virus von acht Basen-Triplets wieder. Die vier Basen lassen sich durch 2 bit codieren.

A für Adenin ≙ 01, C für Cytosin ≙ 00, G für Guanin ≙ 11, T für Thymin ≙ 10

Die Bitfolge wird mit der Basenfolge der Triplets kombiniert und ergibt ein 6-stelliges Trigramm. Diese Trigramme werden entsprechend

„Das Buch der Wandlungen" EUGEN DIEDERICHS VERLAG 1973 Aus d. chines. übertragen und erläutert von Richard Wilhelm

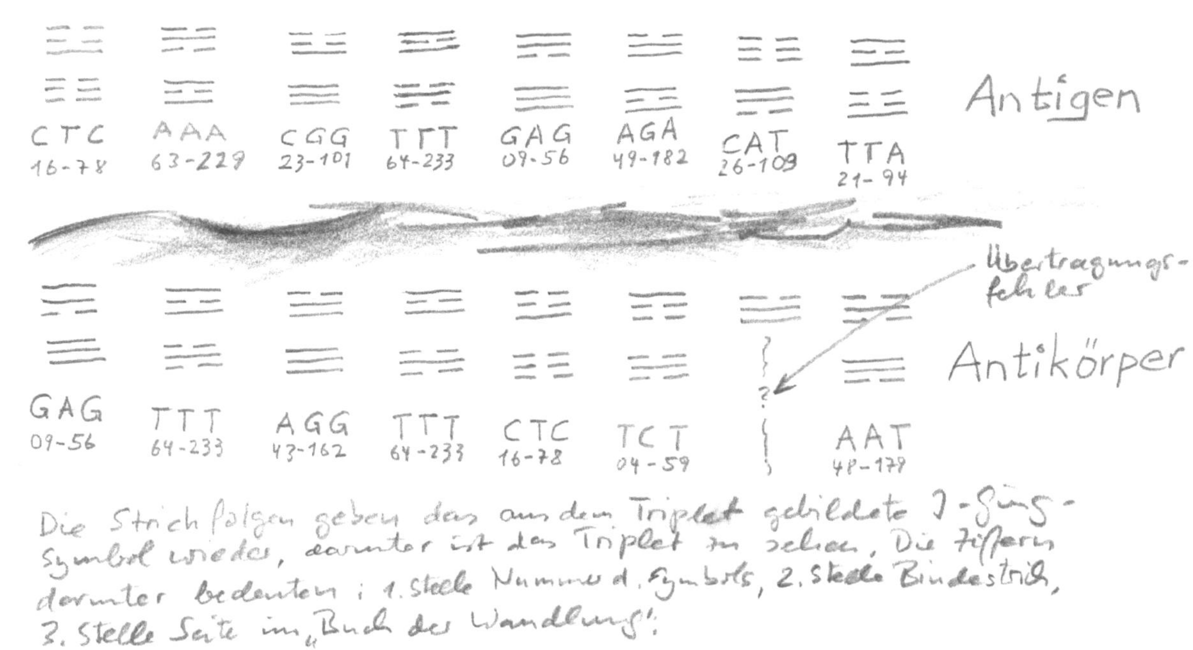

Die Strichfolgen geben das aus dem Triplet gebildete 6-stellige Symbol wieder, darunter ist das Triplet zu sehen. Die Ziffern darunter bedeuten: 1.Stelle Nummer d. Symbols, 2.Stelle Bindestrich, 3.Stelle Seite im „Buch der Wandlung"!

Rubrik: Wirkweise und Ausdrucksweise des (gesellschaftlichen) Zerfalls am Beispiel von zwei Straßen in Berlin / Charlottenburg - Wilmersdorf

Text: High Tech – High Tech - Scham, Schriftart: Times New Roman

<u>Hinweis</u>: zum Verständnis dieses Artikels gehört auch, dass der Autor besonderen Wert auf die gestalterische Kraft des Zerfalls legt und mit ihm die Dynamik des Lebendigen verbindet.

Der Zerfall findet in jedem biologischen Körper in Form des ^{40}Kalium statt, ohne seine Impulse gäbe es kein Leben. Seine radioaktiven Impulse gelten nicht nur für Bioorganismen, sondern neben Strahlen aus der Sonne und dem Kosmos für die gesamte materielle Erscheinung dieser Erde und ihrer Oberflächengestaltung. Dies ergibt sich aus der Zerfallsenergie der vorhandenen Menge an langlebigen Radionukliden, den Primordialen.

High Tech - Scham

Vor einigen Wochen, vielleicht aber sind es schon Monate, ging ich den kurzen Weg der Arcostraße in Alt Lietzow zur Spree. An der linken Ecke befanden sich bis vor kurzem zwei bemerkenswerte Gebäude aus einer anderen Epoche der Stadt. Sie standen als sichtbare Belege dafür, wie unsere Väter und Großväter, Generationen davor und die Ereignisse um sie herum diese Stadt gestaltet haben. Inzwischen bin ich selbst Großvater, geboren kurz vor *Hiroshima* in Berlin-Schöneberg. Bomben fielen hier nicht mehr, aber explodierten gelegentlich noch.

Ich zögere einen Augenblick, sehe die inzwischen von Baggern zerfetzten Hausreste und erinnere mich an die Stimmung, den dieser Teil von Charlottenburg - Wilmersdorf in mir hervorgerufen hatte.

Ich bin gern diese kleine Straße auf dem Weg zur Spree entlanggelaufen. Das hat viele Gründe, unter anderem auch diese Ecke. Ich sehe also noch das hüttenartige, ebenerdige Gemäuer mit einem verblichenen, gräulichen Einfahrtstor aus Holzbrettern und ein Stück verputzter Mauer. Eines Tages stand das Tor auf und ich entdeckte dort Straßenbahnschienen, die fest in einem gepflasterten Straßenabschnitt verankert waren, mit Weiche und allem Drum und Dran. Zufahrt zu einem ehemaligen Straßenbahndepot. Ein Kleinod. Über der Toreinfahrt stand so etwas wie „Tischlerei Schmidt". Daran schloss sich ein sportplatzähnliches Gelände mit einigem Baumbewuchs an. Straßenparallel wurde der Sportplatz auf seiner ganzen Länge von einem zweistöckigen, sehr nüchternen Gebäude abgegrenzt. Ich habe nie Menschen darauf oder darin und drum herum gesehen. Es hatte etwas Vergangenes an sich. Daran schloss sich nochmals ein schmalerer Streifen unbebauten Grundstücks an, das teilweise zugewachsen war. Der öffentliche Teil der Ufergestaltung besteht noch immer alleenartig angeordneten aus drei Baumreihen mit Tischtennisplatte und so.

Wie könnte ich meinen Kindern und Enkeln begegnen, wenn ich ihnen nicht etwas zeigen könnte, was die Geschichte unverfälscht - also nicht künstlich nachgebaut oder verunstaltet, das heißt am Bedarf vorbei - dem Verfall überlässt? Der Zauber, der in meinen kindlichen Augen die Ruinen zu wundersamen Gestalten verdichtete, drang selbst in meine Traumwelt ein. All die nachträglichen Geschichten, die mir schriftlich erklären wollten, wie es zu diesen bizarren Bauwerken hat kommen können, haben den Zauber vernichtet; Plätze, zugewachsene Ecken, narbige Pflastersteine werden von unserem Senat geldsüchtigen Investoren überlassen und dem Auge entzogen, oder genauso schlimm, aufwändig restauriert oder nachgebaut. Als wäre der Krieg nie gewesen und als müssten wir uns mit aller Macht auf den nächsten vorbereiten.

CAD / CAM, Apps, Beton and no idea

Dass so etwas	ich schäme mich
in meiner Stadt	des
sich vor meinen	herausgeputzten Schwindels,
Augen	den ich
ereignet	stattdessen meinen Enkeln
-	nur noch zu zeigen vermag.

Schlossbrücke vor Rodung der beiden Ufer vom Bonhoeffer Ufer Anfang März 2020. Die Belastung 6 oder 7 m vom Ufer ist erheblich: 150 Autos, rechts u. links geparkt, 1 Tiefgarage, 2 entgrünte Höfe für Carpark, Dachgeschossausbau; Opfer: hunderte von Tieren, 18 große Bäume, zahlreiche Büsche, 6 Sitzbänke mit Blick auf Schlosspark. Ein technologisches Armutszeugnis.

Rubrik: künstlerisch-biologisches Bodenprojekt, Deproduktion

Text: Eine seelenarchäologische Expedition. Schriftart: Times New Roman

<u>Hinweis</u>: Rohstoff *Technomüll*

Eine seelenarchäologische Expedition

Das Lebendige dieser Erde lebt von Luft, Wasser und einer Landschaft, in der es sich zu bewähren vermag. Die Bedingungen dafür sind hinter einer Mauer technologischer Versprechungen verschwunden. Wasser, Luft und Boden und die nicht zu überbietende Sensorik der Lebewesen dieser Erde werden für thermodynamisch desaströse, kriegstreibende Maschinen vergeudet, vermüllt und erniedrigt.

Im 1. *poesion* wird das Prinzip der gegenseitigen Wahrnehmung zum obersten Prinzip erhoben. Die damit einhergehende Selbstgestaltung ist das nicht technologisch entkoppelte Verhältnis zwischen Boden, Organismen und Organismen zueinander. Der Begriff „Natur" ist im gegenwärtigen Sprachgebrauch bedeutungslos und beliebig, für den Konsumenten sogar durch „bio" ersetzt.

a) Einleitung

Das „1. *poesion* TXL **- Berliner Boden**" ist eine seelenarchäologische Expedition in eine Berliner Landschaft, die unter dem ehemaligen Flughafen Tegel verborgen ist. Mit Hilfe noch vorhandener aber bereits ausgedienter Maschinen und zugehörigen Betriebsmitteln besteht die Chance, auf dem begrenzten Areal (ca. 480 ha) des Flughafens Tegel die Folgen des Krieges für Berlin aufzuarbeiten und teilweise rückgängig zu machen. Und das in vielerlei Hinsicht.

Künstler wie <u>Caspar David Friedrich </u>(1774 bis 1840, „die Tragödie der Landschaft" – David D'Angers, „Erdlebenbildkunst" – K.G. Carus; Quelle: Brockhaus 1954, Band 4, Seite 304), <u>Joseph Beuys</u> (1921 - 1986, „every people in the whole world is an artist") sowie gegenwärtig <u>herman de vries</u> (*1931, „to be all ways to be", venice biennale 2015, *Sanktuarium*) haben bereits veranschaulicht, wie viel wir täglich an Leben und Lebensgrundlagen unwiederbringlich zerstören.

Die Lehre des Heiligen Franziskus (Franz von Assisi, (* 1181/82 - † 1226) beflügelt Körper und Geist, sich über diese unheiligen Allianz von Gewalt, Imponiergehabe und sinnloser Vergeudung zu erheben. Der Heilige Franziskus sah in allen Lebewesen ein Geschöpf Gottes. Er erachtete weder Tier noch Pflanze als Geringer als sich selbst und predigte die Liebe zu dem, was Gott dieser Erde mitgegeben hat und die Freude an ihrer Vielfalt. In seinen Schriften und seiner von seinen Schülern überlieferten Lebensweise erweist er sich als spiritueller Führer des Naturschutzes und des mentalen Eintauchens in ihre unfassbare Vielfalt.

Auch wenn heute außer in Floskeln kaum mehr an eine Schöpfung geglaubt wird, bleibt das Geheimnis des Bodens den analytisch- messtechnischen und quantifizierenden Betrachtungen unserer „Naturwissenschaften" verschlossen.

Umberto Maturana (1928) und Francisco Varela (1946 – 2001) prägten angesichts des biologischen Reichtums in ihrem 1987 auf Deutsch erschienenem Buch „*Der Baum der Erkenntnis. Die biologischen Wurzeln des Erkennens*" den Begriff der „Autopoiese". Dieser Begriff setzt sich aus der biologischen Besonderheit von „selbst" bzw. „aus sich heraus" und „poetisch" („poiese" auf chilenisch) bzw. „gestaltend" (aus dem Griechischen) zusammen. Die Fähigkeit des Erkennens äußert sich unter anderem in der Faszination, die materielle Erscheinungen und Eigenschaften auf unser Gemüt und Handeln auszuüben vermögen.

Die Kräfte des Bodens zu entdecken ist eine Reise in eine in allen Lebewesen verborgenen Erinnerung: Boden und Lebewesen bilden ein Wechselspiel; mit jedem Eingriff und jeder Versiegelung wird Leben mitsamt seelischer Unversehrtheit zerstört. *Boden* steht für Natur: Nahrungsquelle, Unbändigkeit, Schönheit, Verbundenheit, Widerspruch, Ausdrucksfähigkeit, Schutz, … aber auch die Rückführung des je Gelebten in den Kreislauf der Selbstgestaltung, in den Reigen einer kosmischen Poesie, angereichert mit Trauer, Schwermut und Sorge.

b) der gestalterische Rahmen zur Entdeckung ursprünglichen Berliner Bodens und seiner Lebewesen, wenn's glückt

- Gesamten Boden des „ehemaligen" Flughafens TXL mit minimalem technischen Aufwand, ähnlich den 1948 gegebenen Bedingungen freilegen. Dazu gehören vor allem Materialen der Infrastruktur, wie Kanäle, unterirdische Gänge, Rohrleitungen und Kabel jeglicher Art aber auch vorhandene Gebäude, darin verbautes Material und zum Zeitpunkt der Rückgabe zurückgelassenes Inventar. Es wird wiederverwertet oder zu Marktpreisen veräußert. Als Startbedingung werden die Rollbahn und die gesamte Bodenabdeckung um die Terminals herum gesprengt. Eine Ausnahme ist die Brücke über der zentralen Zufahrt. Alles Weitere ist Aufgabe der *poesion*-Teilnehmer. Es bleiben flughafenüblich strengst kontrollierte Eingangsbereiche erhalten.

- Das zentrale, sechseckige Flughafengebäude samt Tower symbolisiert die Außen- und Selbstdarstellung des besetzten West-Berlins als eine offene, die Geschichte überwindende Großstadt. - - - Um aber die ökonomischökologische Bilanz des „1. *poesion* **TXL - Berliner Boden**" zu verbessern, wird alles, was im oberen Sinne verwertbar ist, entfernt oder entnommen. Diese Gebäudeabschnitte werden sich selbst überlassen. Das Lilienthal-Denkmal, der S-Bahnwagon, der daran anschließende Abschnitt des Terminalgebäudes mit dem verglasten Treppenaufgang einschließlich der beiden stillgelegten Rolltreppen, die zur Straße führen, bleiben als Erinnerung einer konfliktbeladenen Epoche erhalten.

- *poesion*-Teilnehmer liefern sich aus eigenem Entschluss den mit diesem Ziel verbundenen Lebensbedingungen aus, die zunächst denen in Flüchtlings-, Gefangenen- oder Militärlagern ähneln aber auch an Kloster erinnern könnten. Es handelt sich um ein abgeschlossenes Areal, das nur in Ausnahmefällen verlassen werden darf. Alle Fähigkeiten sind willkommen.

- „1. *poesion* **TXL - Berliner Boden**" steht unter Schutz und Aufsicht des **grem** – „ 1. *poesion* **TXL - Berliner Boden**" (siehe c) v).

- Funktechnik ist bis auf wenige, öffentlich zugängliche Radiogeräte strikt ausgeschlossen. Es gibt keine Uhren. Der gregorianische Kalender wird der Einfachheithalber übernommen. Innerhalb des Areals wird nur der direkte Umgang gepflegt. Ein Leitungsgebundenes lokales Telefonnetz wird von den *poesion*-Teilnehmern selbst betrieben und umfasst eine eng begrenzte Anzahl von Geräten. Es gibt allerdings für den Umfang des Areals bessere und weniger aufwändige Verfahrensweisen.

- Jegliche fototechnische und akustische Aufnahmetechnik – analog oder digital, ob vom Boden oder aus der Luft ist strikt ausgeschlossen ⇨ Vertraulichkeit, Ausschließlichkeit, Realitätsbezug.

- Es werden keine neuen Maschinen oder Einrichtungen angeschafft. Unternehmen, öffentliche Einrichtungen und Privatpersonen sind aufgerufen, ausrangierte Werkzeuge, überschüssige Arbeitskleidung und Maschinen zu spenden oder sonst wie zur Verfügung zu stellen, die für den Betrieb und die Zielsetzung des *1. poesion* geeignet sind. Sie werden geprüft, ob sie betriebsbereit sind, gegebenenfalls werden sie repariert, weitgehend mit den vorgefundenen oder aber gespendeten Materialien. Keine elektrisch betriebenen Maschinen!

- Kein maschinengetriebener Transport von Menschen (übergangsweise – max. 1 Jahr - *Velo Solex und 2CV*). Für den Transport können Loren, Pritschen und dergleichen mehr eingesetzt werden. Primär erfolgt Bewegung aus eigener Kraft oder durch dafür geeignete Tiere, übergangsweise für Material durch Kleinstlokomotiven. Alle Gerätschaften müssen selbst repariert und gewartet werden können. Aufzeichnungen und Auflistungen erfolgen mit Bleistift, Federhalter und Papier.

- Das Areal wird von einer speziell zum Schutz von Heimatboden und Landschaftsschutz ausgebildeten Truppe der Bundeswehr durchgehend bewacht. Sie kann auf den bereits vorhandenen Schießstand der BW stationiert werden oder auf dem Gelände selbst und betreibt übergangsweise die *poesion*-Unterkünfte entsprechend vorhandener Notfallpläne ⇨ Auftrag und Aufgaben der BW: • Heimatschutz; Wehrhaftigkeit ist der Schutz und die Bewahrung heimatlichen Bodens.

- Bilanzierung der in das Areal eingeführten Güter (Treibstoff, Nahrung, Hygieneartikel, Wasser, …) und sonstiger externer Dienstleistungen erfolgt durch die Bewachungstruppe und dafür geeignete Einrichtungen. Ein- und Ausgangskontrolle ergänzend durch Mitarbeiter des **grem** – „1. *poesion* **TXL - Berliner Boden**".

- Die Laufzeit hängt davon ab, wie schnell der Boden unter den gegebenen Randbedingungen freigelegt werden kann, wenn das *poesion* nicht zuvor in sich zusammenbricht.

- Die Gestaltung des „1. *poesion* **TXL - Berliner Boden**", Konflikt-bewältigung und Veränderung seiner Infrastruktur erfolgt einzig durch die *poesion*-Teilnehmer und ihrem Forschungsauftrag.

- Hautfarbe, Sprache und Religion spielen keine Rolle. Es gilt den Wert des Lebens bzw. Lebendigen anzuerkennen, Selbstsicherheit und die Hinwendung zum Boden.

- Jeder Teilnehmer ist Teil des Forschungsauftrags. Diese Vorgehensweise minimalinvasiven Freilegens liefert Erkenntnisse über das Wesen des Berliner Bodens und seiner Wirkung auf Lebewesen und Umgebung.

- Die Finanzierung hängt von der Begeisterung ab, mit der Menschen bereit sind, sich von der „Ökonomisierung der Natur" (Barbara Unmüßig, Heinrich Böll-Stiftung, Freitag Nr. 39, 29. Sept. 2016) zu verabschieden. Das Areal dieser Expedition und eine begrenzte Minimalinfrastruktur (Wasser, Abwasser, …) stellen der Staat (2/3) und das Land Berlin (1/3), als dessen Eigentümer.

- Nach einer unbestimmten Erprobungs-Phase wird Zweimal im Jahr ein dreitägiges Fest gefeiert, zu dem die Teilnehmer und Mitglieder des **grem** Freunde und Verwandte einladen dürfen.

- *poesion*-Teilnehmer halten Kontakt zur Außenwelt über Briefe und Karten.

- Es gibt ein Auswahl- und Einweisungsverfahren der Teilnehmer von einer Woche und danach eine verbindliche **Mindestteilnahmedauer**.

- Es gelten strenge Rationierungen für Lebensmittel, Genussmittel, Kosmetika, Medikamente,   Möbel und auch Bücher, persönlich tragbare Instrumente sind willkommen. Materialbedarf, Betriebsstoffe und nicht intern lösbare Konflikte werden im das Projekt begleitenden Gremium **grem** – „ 1. *poesion* **TXL - Berliner Boden**" verhandelt. Verfahrensweise ist zu vereinbaren.

- Geld wird benötigt für Nahrung, Arbeitskleidung, Betriebsstoffe, Infrastrukturmaßnahmen und grundlegende Gesundheitsvorsorge der *poesion*-Teilnehmer. Im „1. *poesion* **TXL - Berliner Boden**" gibt es keinen Geldumlauf. Jeder *poesion*-Teilnehmer erhält. Lebens- und Genussmittelmarken nach dem *Prinzip der Gleichgerechtigkeitsverteilung* (Rawls). Jede Form von Ertrag wird zweckgebunden verwendet.

- Für die Zeit des Aufenthalts werden den *poesion*-Teilnehmern Mietkosten, Rentenversicherung, Krankenversicherung usw. aus den erzielten Einnahmen und / oder von staatlichen Stellen – der Öffentlichkeit – bezahlt.

- Startzeitpunkt, Startbedingungen sonstige Verfahrensregeln werden durch das projektbegleitende Gremium vereinbart.

c) seelenarchäologische Forschung

i - entdecken des lebendigen Bodens

Berlin mit ca. 1,5 Mio. übermotorisierten Rollstühlen ist ein Krankenhaus für Mobilitätsgestörte, allerdings ohne therapeutische Behandlung.

Die Selbstheilungskräfte und beseelende Wirkung des Bodens sind bisher nicht erforscht. Forst-, Garten- und landschaftstechnische Maßnahmen wie sie am ehemaligen Tagebau in der Niederlausitz bei Senftenberg durchgeführt wurden, zeitigen eine sterile, auf Freizeitvergnügen ausgerichtete Naturattrappe. Aufforstung ist eine Bevormundung von Boden und Landschaft.

Laut Bodenkundler [soil sciences] handelt es sich beim Boden um einen analytisch nicht erschließbaren Lebensspender. In „Bodenkunde und Standortlehre" (2008, Karl Stahr und andere) heißt es dazu: „Böden lassen sich nicht vermehren und nicht wiederherstellen" (S.16) und „wird ein Boden durch Überbauung und Abtrag zerstört oder nur durch starke chemische Beeinflussung deutlich verändert, so ist es nicht möglich, den Ausgangszustand wiederherzustellen" (S.16).

Der Boden hat kein Gedächtnis, sein Gedächtnis findet sich in den darauf und darin lebenden Organismen, Mineralien und Enzymen, aber auch in versteinerter Form. Im Biologischen wirkt das Prinzip der Redundanz über den in jeder Zelle vorhandenen Chromosomensatz. Die Basenpaarung des Genoms (A $\Leftrightarrow$ T und C $\Leftrightarrow$ G) und die die Basen verbindenden Wasserstoffbrücken stehen für die Fähigkeit der ?*Selbsterhaltung*?, Erinnerung, Selbstheilung, Replikation, Fortpflanzung usw. $\Rightarrow$ Nachhaltigkeit kommt <u>nur</u> und allein Bioorganismen zu.

Etwas abstrakter gefasst: die technologische Auseinandersetzung mit Natur und Materie führte in die gegenwärtigen Konflikte. Die Lebendigkeit der Erde zeigt sich über die Anwesenheit, dem Zustand und Befinden sowie der Lebensweise von Pflanzen, Tieren und Menschen. ⇨ John Dewey, Ludwig Klages, Corona-Virus = Ansteckungsangst, radioaktive Materie = ständige Erreichbarkeit.

Maschinen und Prachtbauten sind Nahrungs- und Atmungskonkurrenten und bedingen irreparable Schäden am Boden.

ii - Energieverbrauch und Umweltbelastung bzw. -schädigung

Aus technologischer Sicht handelt es sich bei „1. *poesion* **TXL - Berliner Boden**" um ein fest umrissene, begrenzte *Freilegung von versiegeltem Boden* mit eingeschränkten Mitteln => das Areal des dafür gerodeten Jungfernheide Forstes entspricht etwas acht Tage der Bundesdeutschen Flächeninanspruchnahme von ca. 58 ha/Tag (und das bereits über Jahrzehnte), die laut Koalitionsvertrag der Regierung Merkel nur 30 ha/Tag hätte sein dürfen.

Die für alle Umwandlungsprozesse geltende *Entropie* (Thermodynamik und Informationstheorie) begrenzt sowohl Wärme-, Wasser- und Windkraftmaschinen als auch Photovoltaik und jegliche „Energie"-Erzeugung und auch unsere ungebremste Informationsflut (Druckerzeugnisse, Internet, Funktechnologie). Technologische Energieerzeugung bewirkt den Übergang von der Ordnung ins Chaos (Thermodynamik), das kommunikative Überangebot (elektromagnetische Strahlenflut) bewirkt die Entleerung von Information (Informationstheorie).

iii – Radioaktivität und das Selbsttätige

Ein bisher unerforschter Aspekt gesellschaftlicher Hyperaktivität verweist auf den globalen Einfluss der Radioaktivität. Das radioaktive Inventar der Erde ist durch die Uranförderung größtenteils aus dem Boden an die Erdoberfläche gelangt und in seiner Strahlenintensität durch Spalt- und Brutprodukte erheblich gesteigert worden. Zeitgleich mit der Entdeckung der Röntgenstrahlung (1895) und der Uranstrahlung (1896) wurden die ersten Funkübertragungen realisiert (Popow - 1895, Marconi - 1896, Adolf Slaby – 1897, Sakrow). Die erdumspannende Radioaktivität durch Sendemaste, Richtfunk und Satelliten ist als Einfluss starker radioaktiver Strahlen künstlicher, in Reaktoren erzeugter Radioisotope zu deuten. Ihr Einfluss entkoppelt alles Biologische weitestgehend von ihrer sinnlichen Wahrnehmung und reduziert Leben auf Funktionalität (Versorgungsketten, Geldverkehr, Arbeit ⇔ Freizeit, Verfügbarkeit, Konformität, Bedeutungsverlust).

iv - Das Berliner Lebensgefühl

Der Boden von TXL ist seit 1948 und verstärkt ab 1970 mit Gebäuden, den Landebahnen und auch in der Umgebung des Flughafens angelegten Parkplätzen abgedeckt. Mit der Freilegung wird der Berliner Charme und Lebenswille auf die Probe gestellt:

• Wie regeneriert sich ein derart leblos gehaltener, stark durch Erschütterungen und Verkehr veränderter und mit Chemikalien (Abgase, Abrieb, Treib- und Schmierstoffe, …) belasteter Boden, der im Landschaftsschutzgebiet Jungfernheide an der Bernauer Straße eine stark reduzierte aber noch vorhandene Umgebung hat?

• Die Expeditionsteilnehmer erfahren am eigenen Leib die Lebensbedingungen der 1948 dort arbeitenden Berliner in einem geänderten Umfeld – kein Hendi, kaum Luxus, Lebensmittelknappheit, viel körperlicher Einsatz.

• Tegel ist für Berlin ein bedeutendes Wasserreservoir mit etlichen Brunnen und dem Wasserwerk und für die Durchlüftung der Stadt eine wahre Wohltat. Der freigelegte Boden bedeutet für Berlin Erlebnisreichtum und Unabhängigkeit von Investoren.

Im Anschluss an das „1. *poesion* **TXL - Berliner Boden**" findet auf dem weiterhin abgesperrten und bewachten Gelände das „2. *poesion* **Berliner Boden – Belassen**" statt, ein sich selbst gestaltendes, die Berliner Seele präsentierendes Kunstwerk.

Am angrenzenden Flughafensee befindet sich ein Vogelschutzgebiet unter der Pflege des **NABU**. Die dort bereits entwickelten Lebensgemeinschaften sind eine unschätzbare Quelle für die Wiederbelebung des freigelegten Bodens.

Filmen, Tonaufnahmen und Fotografieren sind weiterhin ausgeschlossen. Es bleibt ein elektronikfreies Areal, das auch von keinem Mobilfunknetz erreicht werden kann. Die Bewachung des Areals wird aufrechterhalten. Für Besichtigungen steht ein kleiner intakter Teil des Flughafengebäudes und die Rollbahnbrücke zur Verfügung.

Die Eingrenzung der radioaktiven und sonstiger hochfrequenten Strahlungen ist damit allerdings nur modellhaft angerissen.

v – die Geburtshelfer und Unterstützer

In einem projektbegleitenden Gremium **grem** – „1. *poesion* **TXL - Berliner Boden**" sitzen Vertreter des Landes Berlin, der Bundesregierung, Kultur, Wissenschaft und Umwelt bezogener Einrichtungen, der die Finanzen verwaltenden Bank, der Wachtruppe der Bundeswehr und gewählter Vertreter der *poesion*-Teilnehmer. Das **grem** eröffnet das Projekt, legt den Rahmen für die halbjährigen Feierlichkeiten fest und veröffentlicht den zweijährigen Statusbericht. Das **grem** hat Einsicht in die Materialbewegungen und wacht über die Einhaltung des *Dauerwaldgedankens* und des *Berliner Forstgesetzes* und lässt die aus der Expedition gewonnenen Erfahrungen einfließen.

d) kritische Würdigung des gestalterischen Rahmens

Zeit und Raum sind physikalisch-technische Begriffe, jedenfalls in ihrer quantifizierenden und kontrollierenden Funktion. Quantifizierung ist nicht geeignet, dynamische Lebensprozesse adäquat zu beschreiben. Die allgemeine Orientierungslosigkeit korrespondiert mit dem Übermaß an über Medien generierten Fremdeinflüssen. Dabei handelt es sich um elektronische Unterbrechungen (interrupts), die die Selbstwahrnehmung auf Funktionalität reduziert. Ein Ziel aber braucht Hinwendung und unbedingte Aufmerksamkeit. Allein die Aufgabe, aus eigenem Antrieb heraus gemeinsam mit anderen sich der seelenarchäologischen Erforschung des Bodens zu widmen, erfordert, dass Fremdeinflüsse und mediale Aufdringlichkeit aufs Äußerste reduziert sind. Die symbiotischen Beziehungen bzw. Wechselwirkungen „Boden ⇔ Organismen" und „Organismen ⇔ Organismen" kommen nur dann zur Wirkung, wenn die technologischen Abstandshalter entfernt sind.

Rubrik: altes Gedankengut, angereichert mit modernen Erkenntnissen

Text: Kosmologische Drift, Schriftart: Times New Roman

Hinweis: wirksame Kräfte, Lebensformen.

Kosmologische Drift

Tief in mir lauert das Bedürfnis, dem Bedrohlichen um mich herum und in mir ein Gesicht zu geben, mit ihm zu sprechen, es zu besänftigen. Ich suche nach einem geeigneten Zugang zu …

*

Ein Versprechen lockte mich in die Welt objektiven Denkens. Als könnte ich ohne mich in das Sein an sich eintauchen.

Ich ist ein biologisches Daseinsprinzip, das die Bezüglichkeit zwischen Innen und Außen, dem Vertrauten und dem Fremden herstellt.

Vorbilder? *Mensch* braucht keine Vorbilder, er erlebt sich als mit dem Sein verbunden. Seine körperliche Unbestimmtheit, kein Fell, keine kräftigen Reißzähne usw., hebt ihn von den besser an die Umwelt angepassten anderen biologischen Wesen ab. Sein Bewegungsdrang führt ihn in alle klimatischen Regionen der Erde, einen kleinen Schritt sogar in den Kosmos, ohne dass er körperlich dafür ausgestattet ist. Er bedient sich

    a) des Wissens, der Erfahrung, der Früchte, der Schutzmaßnahmen anderer Lebewesen (Fell, Wolle, Fette, Leder, Höhle usw.), die ihn zugleich am Leben erhalten und

    b) der Eigenschaften und Hervorbringungen der Landschaft, des Meeres, der Gewässer, anderer Lebewesen und des Bodens.

⇨[1] Nahrungskette, Fruchtbarkeit, Fertigkeiten, …

*

Hört sich gut an, sage ich mir, und versuche herauszufinden, was das bedeuten könnte. Ich gestatte mir, die Bedingungen vorzusehen, die vorliegen müssten, mich, das biologische Seinsprinzip, zu erhalten. „Hawkins – Mlodinow" (The Grand Design) hatten für diesen Zweck 10^{500} interne Räume konzipiert oder auf

---

[1] Der Pfeil stellt entweder einen Hinweis auf einen damit assoziierbaren Begriff her oder auf andere Quellen bzw. auch Autoren.

magische Weise ermittelt, mit der Eigenart, diesem *Ich* darin eine gestaltende und selbsterhaltende Rolle zuzubilligen … ⇨ Multiversen.

Das Vergängliche

Die Erkenntnis[2], dass nicht das Biologische vergänglich – sterblich – ist, sondern das Vergängliche über die Materie in die Welt gekommen ist, steht unserer bisherigen Auffassung über Leben und Lebendigkeit entgegen. Von einer abstrakten Vergänglichkeit zu sprechen verkennt den Einfluss des Materiellen auf das, was sich erleben und denken lässt. Das *Vergängliche* lässt keine vorausplanende Entscheidung zu. Eine Entscheidung wird getroffen, genau genommen koinzidiert sie mit dem Ereignis.

Die Rede ist von *Radionukliden*. Sie sind eine sich selbst verändernde Substanz, die die Gestaltung der Erde und in „Kooperation" mit der Sonne die Lebensbedingungen auf ihr bestimmen. Der Zerfall ist das Ereignis, in ihm finden sich Verlust und Erwartung, Zuvor und Danach, Innen und Außen, …

Biologische Wesen und stabile Elemente sind gleichgewichtsorientiert; nach einer Störung – dem Ereignis - streben sie wieder einen stabilen Zustand an. Stabilität ist nur in Verbindung mit dem *Vergänglichen* lebendig. Das Ereignis steht dem Stabilen, Statischen usw. entgegen ⇨ Erde.

Zu glauben, biologische Wesen oder stabile Materie strebten nach Einfluss, widerspräche dem materiellen Konzept von Stabilität und von Homöostasis[3]. Radioaktivität und stabile Materie bilden über das Prinzip des Genoms sich selbst wahrnehmende und bewegende Lebewesen.

Jede Form der Fortpflanzung – Samen, Replikation usw. – ist Ausdruck der Selbst- und Umgebungswahrnehmung, die in sich die Transzendenz der Erhaltung der Art enthält, also des „Darüberhinaus". Wie sich am menschlichen Verhalten zeigt, ist in der Selbstwahrnehmung das Selbstbewusstsein nicht unbedingt enthalten. Auch Unterwerfung und Täuschung gehören zum Programm der Arterhaltung. Anstelle des Selbst treten beim Menschen ideologische Zielvorgaben wie Gott, Geld, Nation, Tradition, Wissenschaft, Wirtschaft, Energie, Verkehr usw. in den Vordergrund. Damit gerät das *Selbst* in den Dienst einer abstrakten, Sinne, Handlungsfähigkeit und Wahrnehmung einschränkenden und sogar entgegenstehenden Forderung.

---

[2] Zwei Entdeckungen haben dazu geführt: a) die 1896 gemachte Entdeckung einer selbst strahlenden Materie durch *Becquerel* und b) das von *Chargaff* entdeckten Basenverhältnis in der DNA verschiedener Spezies; das Biologische baut auf Redundanz, die sich als Selbsterkennung darstellt.

[3] Antonio Damasio, „The Strange Order of Things". Der Begriff der Homöostasis spielt eine zentrale Rolle im Biologischen: Hunger oder Durst stillen, Kälte oder zu große Hitze meiden bzw. sich davor schützen, Körpertemperatur ...

Kosmogonie – Annäherung an die materielle Intelligenz (MI)

Eine *Kosmogonie*[4] bedarf keines Beweises. Sie bildet den gedanklichen Leitfaden für das Handeln und das Selbstverständnis. Seine Wahrnehmung sollte den Menschen befähigen, sich, die Erde und das Leben auf ihr zu erhalten. Aber selbst das kann ein Irrtum sein. Das Leben auf der Erde ist Mysterium, das sich der menschlichen Deutungsfähigkeit entzieht. So bleibt Kosmogonie lediglich die Umschreibung dessen, was sich an kosmischen und irdischen Einflüssen erspüren und an Sinnhaftigkeit erfahren oder gar ersehnen lässt.

Das vorherrschende kopernikanische Weltbild[5] hat das Biologische zu einem algorithmisch- technologischen Anhängsel marginalisiert ⇨ KI

Unterwerfung ist auch eine Handlung. Wie Kräfte wirken, kann nur erfahren werden.

Die Erde ist Inbegriff des Lebens und des Lebendigen. Der Zustand des Biologischen spiegelt den Zustand[6] der Erde wieder. Spekulationen a la Moses, Christus, Giordano Bruno, Kopernikus oder Frank Drake führten und führen zu Fluchtgedanken und spirituellen Wahnvorstellungen (Gott, Jenseits, Paradies, Marsbesiedlung, Exoplaneten, Künstliche Intelligenz, …).

Jeder einzelne erfährt Technologie als Zerstörung von belebtem Boden als Abstellplatz für ihren Betrieb, ihre Herstellung, ihre Präsentation in geschützten Räumen und ihrem stetigen Redesign. Ein oberflächlicher[7] Begriff von *Energie* verhindert die Betrachtung über den *Nutzen* hinaus ⇨ die Maschine (jede Maschine) konkurriert mit den organischen Lebewesen um Gestaltung und Verwendung des Bodens und des Inventars der Erde.

Radioaktivität und Sinnlichkeit - das „erotische" Universum

Das Erotische ist Ziel des Daseins – also doch ein Ziel? Im Erotischen erfährt sich Lust, Begierde und Vertrautheit – und vielleicht noch einiges anderes. Das Erotische bedarf nicht der Rationalität; der Auslöser des Erotischen ist die Begegnung, die Selbstdarstellung, das Begehren aber auch die Suche. Die

---

[4] Kosmos (griechisch) bedeutet Ordnung, Schmuck, Weltall, gonos Geburt

[5] Das dahinter stehende Weltbild oder die Kosmogonie besagen, dass die Eigenschaft der Materie hinreichend durch unsere Messmethoden und mathematischen Modelle beschrieben werden können und zudem im Universum allgemein gelten würden.

[6] Die Beziehung zwischen den Elementen, den Mikroorganismen und dem Menschen hat *H. T.* eingehend untersucht und als *Gewalttransfer* bezeichnet. Das Schlüsselereignis dafür bildete die zeitliche Übereinstimmung der ersten nachgewiesenen Kernspaltung Ende 1938 in Berlin und die durch SA-Truppen veranstaltete Pogromnacht in der Nacht vom 9. zum 10. November 1938.

[7] *Walter Rüeggs* (Schweizer Physiker) Aussage: „der Berg schickt keine Rechnung" veranschaulicht die Geringschätzung des Bodens, der Landschaft und allen Lebens, das sich darin, darum herum und darauf ereignet. Ausbeutung ist Geringschätzung, gleichgültig ob für Staat, Geld, Wirtschaft, Wissenschaft oder Gott, wird doch der „lebendige Berg" in die „Energiebilanz" nicht einbezogen. Für ITER wurde in Frankreich ein ganzer Berg samt Wald und tierischen Bewohnern weggesprengt.

gewählte Begrifflichkeit zeigt bereits die Unzulänglichkeit allen Sprechens, es möge mir nachgesehen werden. Irgendwoher schleicht sich das Fremde ein, etwas, das sich dem Erotischen entzieht. Eine Umgangsform dafür hat sich dem Menschen noch nicht gezeigt – oder: es ist nur <u>mir</u> *fremd,* ich <u>bin</u> fremd.

Die Fremdheit oder das Fremde zeigt sich insbesondere in den Wissenschaften. Und doch sind alle Versuche und Bemühungen, die *objektive* Welt von der Lebenswelt zu trennen, gescheitert.

Die *Kosmogonie der Selbstgeburt* ruht in der Materie und im Biologischen als archaisches Gedächtnis. Das archaische Gedächtnis hat sich unserer Gegenwart bzw. den Wissenschaftlern als Geburt[8] eines zuvor nicht vorhandenen Elements gezeigt, dem *Plutonium.* Das archaische Gedächtnis befindet sich nach Auffassung der Physiker (⇨ CERN sucht die <u>„Antwort der Materie auf ihre Entstehung“</u>) in jedem einzelnen Element des Periodensystems.

Als vorwiegend stabil gestaltet sich die materielle Anordnung der fünf Elemente – H, N, O, C und P - des Genoms. Nur 5% des menschlichen Genoms kodieren RNA- und/oder Polypeptidmoleküle, enthalten also das, was an Fähigkeiten und äußeren Merkmalen vererbt werden. Störend auf das Genom wirken sich lediglich • der in der Luft enthaltene und über die Nahrung aufgenommene radioaktive Kohlenstoff (^{14}C) aus, der sich beim Zerfall in Stickstoff umwandelt und – seit der Entdeckung der Kernspaltung – insbesondere • die Harte Strahlung der inzwischen reichlich vorhandenen radioaktiven Spaltprodukte aus der Kernkraftwerksindustrie ⇨ *Jacque Monod*: „Zufall und Notwendigkeit“

*

Alle Organismen verfügen über die Fähigkeit des Empfindens, das zwar von Außen nicht sichtbar ist, aber auf das durch Verhalten und Handlungsweise geschlossen werden kann. Das Empfinden geht über das unmittelbare Erleben hinaus. Körper und Gegenständlichkeit erfahren sich als ein Zusammenklang, in dem Diesseits und Jenseits, Zuvor und Danach, Erwartung und Verlust, Fremdes und Vertrautes gleichermaßen Wirksam sind.

Das Empfinden von Lebendigsein ist durch den mit Sinnen ausgestatteten Körper vermittelt. Der Körper bildet die *Grenzschicht* zwischen einem Innen und Außen, zwischen dem Empfinden bzw. Gefühl oder einem Gedanken und der Wahrnehmung. Jeder Körper erlebt sich über seine *Grenzschicht*. Über sie ist der Körper Einflüssen ausgesetzt und ist zugleich selbst Einfluss.

*

---

[8] 1941 unter der Leitung von *Glenn T. Seaborg* durch Beschuss von ^{238}Uran mit Deuterium im Zyklotron in Berkeley erzeugt und nachgewiesen. Die Experimente standen unter militärischer Aufsicht und wurden erst 1950 veröffentlicht.

Das Biologische ist aufgrund seiner außerordentlichen Sensorik (⇨ Wasserstoff), seiner transzendenten und immanenten Bezüglichkeit zur Materie (⇨ Stoffwechsel, Sinne, Begierde) einzigartig und befähigt, das auf der Erdesein in Empfinden zu wandeln ⇨ Erleben = Leben = Sterben = Fortpflanzen = Schwere: **Autopoiese**.

Nach allem, was analytisch über die Materie und ihren Verbindungen ermittelt wurde, ist Leben die Wirksamkeit dreier *Konzepte*, die sich als unterschiedlich machtvoll erweisen:

a) Das **Vergängliche,**

b) das **Sensible** und

c) die **Ewigkeit**

Sinnlichkeit erlebt sich in dieser Durchdringung als mental-materielle Wirksamkeit. Über die Wirkweise entscheidet jedes Lebewesen aufgrund seiner Eindrücke, seiner damit verbundenen Empfindung und durch die ihm zur Verfügung stehenden Sinne und / oder Fähigkeiten und / oder Eigenschaften[9].

Mess- und verfahrenstechnische Herleitung

• Das Gestaltungskonzept des **Vergänglichen** ist der **Zerfall**. Die Entdeckung der Wirksamkeit des Zerfalls als eine materielle Eigenschaft wurde anhand einer durch W. Röntgen 1895 erstmals technisch erzeugten unsichtbaren Strahlung – die X-Rays - die durch lichtundurchlässige Materialien (abgedeckte Fotoplatte) zu dringen vermag, vorbereitet bzw. eingeleitet. Becquerel entdeckte 1896 den gleichen Effekt an einer Uran- bzw. Radiumprobe.

Die auf seine Publikationen hin einsetzende Erforschung dieses Phänomens (die Curies, Rutherford, …) führte zu neuartigen Betrachtungsweisen materieller Phänomene und zu geradezu euphorischen Heilserwartungen => Radonkuren, Babynahrung, radioaktiver Dünger …

Mit Beginn des 20. Jahrhunderts endete weitgehend das freie, nationale Grenzen überschreitende Forschen und stand schon vor dem 1. WK unter militärisch-industrieller Kontrolle – die Rohstoffpreise für Radionuklide stiegen gewaltig. Die erwarteten und die bereits vorliegenden Ergebnisse überwogen und führten in eine „rohstoff"-verzehrende Technologie samt Abfallproduktion Serienproduktion, Informationstechnologie, Massenprodukte, …

• Das Gestaltungskonzept der **Sensiblen** findet sich im **Wasserstoff**; Seine Besonderheit ist a) der positive Ladungsüberschuss, b) dass er nicht elementar

---

[9] Das *Bohrsche Atommodell* suggeriert bereits durch das Schalenkonzept der Elektronen die sensomotorischen Fähigkeiten der Elemente => Druck, Temperatur, elektromagnetische Impulse, Strahlung, Reflektion, Kompression, Ausdehnung, chemische Verbindungen, ...

vorkommt und c) in organischen Verbindungen als Kohlen-Wasserstoff-Verbindung die körpereigenen Prozesse bewerkstelligt.

• Das Gestaltungskonzept der **Ewigkeit** findet sich im **Genom**; es ist das ursprungsfreie Wissen der Vererbung, Fortpflanzung, Erinnerungsfähigkeit, Regeneration, Bodenhaftung und Sinnlichkeit; Eigenschaft aller biologischen Wesen.

Dieses Gestaltungskonzept befindet sich in Selbstauflösung. Es ist reduziert auf den Erhalt einer Technologie, die für die Kontrolle der mit der Radioaktivität verbundenen Prozesse benötigt wird. Wahrnehmung wird auf das Ablesen von Daten bzw. auf den Empfang maschineller Anweisungen reduziert.

Durch die Anbindung der *Ewigkeit* an das *Vergängliche* und die Wirksamkeit des *Vergänglichen* auf die *Sinne* haben beide Gestaltungskonzepte – *Vergängliches* und *Ewigkeit* - ihre Absolutheit verloren. Sie stehen in einem Wechselverhältnis.

Zwischen biologischen Organismen gibt es keine Unterscheidung zwischen höheren und niederen Entwicklungsstufen; sie alle nehmen die materielle Konstellation ihrer Umwelt wahr und befinden sich in Wechselwirkung mit ihr und untereinander.

Die **Ewigkeit** hat sich mit dem **Vergänglichen** über das Konzept der **Redundanz** verbunden. Die Redundanz findet sich im Genom durch die Basenkombination AT, TA, CG und GC, die in der Lage sind, ihre Paarung zu erkennen und – durch geeignete Verfahren – wieder herzustellen. Das Basenverhältnis wurde in der Zeit zwischen 1945 und 1950 unter der Leitung von *Erwin Chargaff* durch die chemische Analyse gereinigter DNA verschiedener Lebewesen – auch des Menschen – untersucht. Ergebnis ist die Gleichung für Basenpaare: A=T und C=G, deren Anordnung, Verhältnis zueinander und Anzahl für jedes Lebewesen unterschiedlich sind. Chargaff-Regeln

• Biologisches Leben verfügt über die Fähigkeit des Lernens und Erinnerns, der Selbstheilung, der Vorsicht und nicht zuletzt der Fortpflanzung. Lebewesen unterscheiden sich darin voneinander und ergänzen sich zugleich durch jeweils spezifische Sinnesorgane, ihren Stoffwechsel, ihre Lebensgewohnheiten und Fähigkeiten. Ihr Prinzip ist: Jedes beachtet das Andere, den Boden und sich selbst. Ihr gemeinsames Wahrnehmungsspektrum von Infrarot bis Ultraviolett[10] bildet einen erdeigenen *Universalsensor*.

---

[10] Der für das menschliche Auge sichtbare Strahlungsbereich umfasst nur einen Frequenzbereich zwischen 10^{14} und 10^{15} Herz, Bienen z.B. sehen auch im ultravioletten Bereich, Tauben können sogar das Magnetfeld wahrnehmen. Der informationstheoretische Aspekt von Röntgenstrahlen, γ-Strahlen und Frequenzen darüber hinaus ist bis auf medizinische Anwendungen nicht erforscht.

Das *Vergängliche* erzeugt aus sich heraus Impulse (Trigger), die ihre Umgebung beeinflussen. Ein Impuls ist Ergebnis des Zerfalls. Der Zerfall ist ein nicht vorher bestimmbares **Ereignis**.

Individuen und Zusammenschlüsse (Horden, Herden, Völker, …) erleben sich über den Einfluss des *Vergänglichen* selbst als vergänglich.

• Im vortechnologischen Zeitalter übte der **Zerfall** über die Oberflächenstrahlung der im Boden und im Meer enthaltenen Primordialen Radionuklide[11] Einfluss auf die Gestaltung und die Verhältnisse der Erde aus, das radioaktive Kaliumisotop ^{40}K auch auf die Bioorganismen. Die kosmische Strahlung hat einen eigenen Charakter und wird teilweise durch die Atmosphäre gefiltert.

Durch Technologien bedingt überwiegt gegenwärtig der Einfluss auf das biologische Leben durch geförderte und erzeugte Radionuklide und anderer, nicht von Organismen übertragener Gifte. Zu nennen sind jegliche Art von Verbrennung, die in der Medizin verwendeten Röntgenstrahlen, das als Marker bzw. Tracer verwendete Technetium (Tc), für die Krebstherapie eingesetzten Radionuklide, röntgengleiche Höhenstrahlung beim Fliegen, das im erheblichen Umfang in Kernkraftwerken *verbrannte* ^{235}U und dessen Spaltprodukte und das aus den freigesetzten Neutronen erbrütete ^{239}Pu bzw. ^{233}U und anderer Elemente.

Spaltprodukte und das ^{239}Pu sind inzwischen die stärksten Strahlenquellen auf der Erde und sind oberflächlich weit verbreitet. Allein das vorhandene ^{239}Pu produziert das 100-fache[12] an Strahlung gegenüber den natürlich vorhandenen Radionukliden.

Der Zerfall erzeugt eine Konfliktsituation und geht vermutlich selbst aus einer hervor ⇨ Zerfall, Ereignis, Entscheidung.

Eine Entscheidung erfolgt nicht nur durch biologische Organismen, sondern durch jedes vom Zerfall bzw. deren radioaktive Strahlung getriggerte (angeregte, beeinflusste) Element oder deren Verbindung und im Zerfall selbst. Der Impuls kann auch als Gedanke aufgefasst werden, der die Wahrnehmung anregt, in Bezug zur Umwelt zu treten bzw. ihren Einfluss zu spüren. Die Wirkung eines Impulses zeigt sich sowohl im Verhalten als auch an der Gestalt.

---

[11] Über das Uran-Blei-System haben Geologen das Alter der Erde auf rund 4,5 Mia Jahre ermittelt. Die seit der Erdentstehung in wirksamen Mengen vorhandenen Radionuklide sind das radioaktive Inventar, über das die geologischen Gestaltungsprozesse ihre Impulse erhalten haben und weiterhin erhalten: $^{40}Kalium$, Thorium und Uran (^{232}Th, ^{238}U, ^{235}U, ^{40}K) werden als Primordiale Radionuklide oder kurz die *Primordialen* bezeichnet.

[12] Die Daten dafür liefert die Kerntechnische Gesellschaft. Sie lassen eine Mengenabschätzung über das bisher erzeugte Plutonium und Spaltprodukte zu; Zerfallsenergie und Halbwertszeit sind zu diesen Elementen bekannt.

Wechselwirkung und Einflussnahme

Die auf der Erde vorgefundenen Substanzen und auch Organismen werden durch einen entsprechenden *Trigger* – optische, elektromagnetische, dynamische und thermische Impulse - zu Reaktionen angeregt. Radionuklide nehmen direkt Einfluss auf die Entwicklung der Erde[13]. Sie sind in unterschiedlichen Konzentrationen über die gesamte Erde verteilt. Die Primordialen stehen durch ihre Strahlen untereinander in Verbindung ⇨ „Radio"-Aktivität.

Menschliche Intelligenz hat vermocht, dem Anschein nach sogar entgegen göttlicher Vorherbestimmung, die Einflussnahme der Materie auf das Leben zu erkennen und messtechnisch nachzuweisen. Das Ergebnis daraus legt den Schluss nahe, dass er das Medium einer abstrakt-mathematischen Selbsterforschung materieller Kombinatorik ist, in der das Medium sich allmählich als lebensunfähig oder überflüssig erweist ⇨ Fremdbestimmung, Evolutionsfilter, Konrad Zuse: *rechnender Raum.*

Hinweise darauf, wie das dafür notwendige Verständnis, mehr noch Handlung und Verhalten gegenüber der Materie aussehen könnten, liefern unter anderem die Ergebnisse analytischen Forschens in Form des Periodensystems der Elemente

    a) Der Wasserstoff,

    b) die Radionuklide,

    c) die stabilen Elemente.

Darüber hinaus wirken Einflusssphären, die jenseits des Materiellen liegen bzw. der Transzendenz der Materie entspringen:

    d) Religion und Philosophie

    e) Technologie, Naturwissenschaften, Ökonomie, Landschaft, Kulisse

    f) Biologische Lebewesen, Gesellschaften, Stämme, Herden usw.

    g) Sprache und Wahrnehmung

Zu a): Der *Wasserstoff* zeichnet sich durch einen positiven Ladungsüberschuss aus. Dieser Ladungsüberschuss, bedingt durch die *Abwesenheit* des Neutrons im Kern, wirkt sowohl im Wasser als auch im Genom und in kristallinen Strukturen. Deuterium (^{2}H), ein natürliches Isotop, besitzt keinen Ladungsüberschuss und kann im Genom keine Wasserstoffbrücke bilden. Diese ist um den Faktor 10 bis 20 mal schwächer als eine kovalente (chemische) Bindung und ermöglicht die Replikation der DNA.

---

[13] Siehe *Gerthsen*, Physik, 23. Auflage, 2006, Kap. 18.2.2, Zerfallsenergie

Wasserstoff ist das erste und auch leichteste Element im Periodensystem. Wasserstoff ist neben Kohlenstoff, Stickstoff, Sauerstoff und den Edelgasen dampfliebend (atmophil). Es ist äußerst flüchtig und recht reaktionsfreudig und höchst sensibel ⇨ Wasserstoff kann alles umschließen und überall eindringen; es ist ein *Abtastelement*. Ein ppm[14] des Wasserstoffs ist Deuterium.

Wasserstoff ist mit weniger als 1% Häufigkeit auf der Erde ein äußerst kostbares Element. Es ist größtenteils im Wasser und in biogenen Verbindungen gebunden. Wasser wird in unfassbaren Mengen in allen technologischen Prozessen von Lebewesen befreit, als Kühlmittel oft mit Zusatzstoffen versehen (Glykol), in chemischen Prozessen und im Bergbau für den Abtransport von Nebenprodukten (tailing) eingesetzt und weitgehend verschmutzt in belebte Landschaften eingeleitet.

Die Verwendung von H in Brennstoffzellen und alle chemischen Prozesse bis hin zur Fusionsforschung (künstliches Tritium) bedeuten schwerwiegende Eingriffe auf das Inventar dieses Elementes und insbesondere auf das reichlich mit Lebewesen durchsetzte Wasser im Boden, in Flüssen, Seen und Meeren (Meeresspiegel, Wüstenbildung).

Zu b): *Radionuklide* wie die Actinoide oder Radioisotope wie das ^{40}Kalium oder der ^{14}Kohlenstoff können bisher nur durch technische Verfahren (z.B.: Geigerzähler, Dosimeter) als solche identifiziert werden. Der sinnliche Zugang dazu sei angeblich versperrt.

Aber anders als öffentlich propagiert zeigt sich das Krankheitsbild durch erhöhte radioaktive Strahlung vorzugsweise im Verhalten ansonsten gesund aussehender Individuen aber auch Gesellschaften:

- elektromagnetische Strahlenüberflutung durch künstliches Licht, Sendemaste und Projektionsflächen,

- Landschaftszerstörung durch Straßen, Bergbau, Wohn- und Industriebauten, Artensterben, Aktivitätssteigerung beim Menschen, diverse psychische und physische Leiden, Hautkrebs, totale Überwachung ...

- Konflikte zwischen Staaten, zwischen Regierung und Bevölkerung, zwischen Religionen und Bevölkerungsgruppen; es gibt keine bekannte Nichtkonfliktzone

Jedes Radionuklid hat eine spezifische Halbwertszeit. Die Physik unterscheidet zwischen dem α- und β- Zerfall.

Die Kernspaltung ist erst 1938 entdeckt worden und führte sehr bald unter dem Einfluss des Krieges sowohl zum ersten Kernreaktor in Chikago wie zu den

---

[14] ppm = parts per million

ersten Atombomben, die im August 1945 der staunenden und erschreckten Welt am lebenden Objekt vorgeführt wurde. Entgegen der allgemein propagierten Effizienz der Kernspaltung in Reaktoren belegen die physikalischen, technologischen und ökologischen Daten genau das Gegenteil:

- Laut Gerthsen Physik, 23. Auflage, liefert die Spaltung von ^{235}U ca. 200 MeV bei enormem technisch- logistischem Aufwand gegenüber 40 MeV, die über seine Zerfallskette (12 Umwandlungen) freigesetzt werden, ohne jeglichen technischen Aufwand.

- Etwa ein Drittel des ^{235}U werden bei der Spaltung zu Cäsium (Cs, 55. Element). Spaltprodukte sind immer radioaktiv, haben aber unterschiedliche HWZ. „Das bedeutendste Cäsiumisotop ist ^{137}Cs mit einer Halbwertszeit von ca. 30 Jahren. Es ist nach dem Zerfall der kurzlebigen Isotope über viele Jahrhunderte hinweg das am stärksten strahlende Nuklid im Gemisch der Spaltprodukte." (Wikipedia, 2020). Man rechne nur 700 Mio. Jahre HWZ des gespaltenen ^{235}U gegen die 30 Jahre des daraus erzeugten ^{137}Cs, um den Verlust des für die Erde so wichtigen Strahlers und Lebensspenders zu erahnen, und das mit einer miserablen Energiebilanz, unermesslichen Konflikten und sonstigen Gefährdungen.

- Die Uranförderung hat nicht nur für Bergarbeiter Folgen (siehe Wismut), sondern für die gesamte Landschaft. Die Beseitigung der Folgelasten von Wismut hat inzwischen etwa 7 Mia. Euro verschlungen (Wikipedia 2016, mit sehr aufschlussreichen Daten zur Geschichte der Grube, die bis ins 12. Jahrhundert (mit persönlichen Schicksalen angereichert) reicht. Ein Beispiel, dass Zahlen niemandem etwas sagen, sonst müssten wir uns längst von dieser Technologie verabschiedet haben.

Beim Zerfall [bei der Kernspaltung]

- wird Energie freigesetzt, die herkömmlich als Zerfallsenergie oder Zerfallswärme bezeichnet wird, [Kernenergie aus Kernspaltung in Atomreaktoren und Atombomben]

- werden Partikel abgestoßen, [Spaltprodukte, Neutronenschauer, Brutprodukte erzeugt]

- wird in einigen Fällen für unsere Augen unsichtbares Licht unterschiedlicher Wellenlänge und Intensität - γ-Strahlen - ausgesendet und

- verwandelt sich das Radionuklid in ein Nuklid anderer Ordnungszahl, also ein anderes Element ⇨ Zerfallsreihen, Spontanspaltung durch Neutronenbeschuss. [Spaltprodukte, Brutprodukte bei Anwesenheit von ^{232}Th oder ^{238}U.]

Zu c): Die *stabilen Elemente* wie auch die *Radionuklide* wurden gemeinhin als „tote" Materie bezeichnet. Aus diesem Verständnis ist Materie der Beliebigkeit menschlicher Triebhaftigkeit und Würdelosigkeit ausgeliefert.

Die Würdelosigkeit resultiert aus dem Umstand, dass *Sinnlichkeit* – die dem Biologischen zugeeigneten Sinnesorgane – eine Fähigkeit der Materie selbst darstellt (Empedokles: nur Gleiches vermag Gleiches zu erkennen), Materie also unabdingbarer Bestandteil des Lebendigen ist. Insbesondere verfügt der Boden ⇨ Silikate) über weitgehend unerforschte Fähigkeiten im Umgang mit biogenem Material. Seine Fähigkeit gewährleistet die zirkuläre Interaktion zwischen mineralischer und biologischer Sphäre. Die industriell betriebene Herabwürdigung von Materie, Boden und Erde findet Ausdruck in der Missachtung gegenüber jeglichem – also auch dem eigenen – Leben.

Zu d): *Religion und Philosophie* stellen Versuche dar, die Grenze der Sprache für das Verständnis von Leben und Wirklichkeit auszuloten. In den Erzählungen und Religionen finden sich unterschiedliche Mächte, die für die Erscheinungen des Lebens als zuständig ausgemacht und mit ihnen auch bestimmte Verhältnisse auf der Erde rechtfertigt werden. Eine besonders dramatische Wendung erfuhr das religiöse Denken durch das *Wort Gottes*, des Einen und Einzigen und den verschiedenen Heiligen Schriften, die auf seine Worte zurückzuführen seien. Mit Gottes darin behaupteten Schöpfungsanspruch im Rücken entledigen sich seine Gläubigen schlagartig jeglicher Verantwortung oder besser: der eigenen Urteilsfähigkeit. Und das, obwohl die kanonisierten monotheistischen Religionen das Konzept von Sünde, persönlicher Schuld und Gewissen predigen.

Philosophie, Naturwissenschaften und Religion decken sich insofern, als sie metaphysische Spekulationen sind. Der Philosoph allerdings kann sich *ungestraft* (bedingt) seiner Wahrnehmung bedienen und die geeigneten Worte dafür finden oder sein Leben danach ausrichten.

Zu e): *Technologie, Naturwissenschaften und Ökonomie* als jüngste ideologische Gebäude präsentieren das gelungene Unternehmen, die Quantifizierung des Seins als gottfreie aber aus Gottes Auftrag hergeleitete Glaubensform auf der Erde zu etablieren. Technologie verlangt einzig Besitz, Quantifizierung und Verbrauch (Konsum), sie ist Inbegriff der Vermassung, Verödung und Lebensfeindlichkeit ⇨ Nahrungs- und Bodenkonkurrent, Arbeitsbedingungen, Zeitdruck … Giordano Bruno, Descartes, Huygens, Kant, Hegel, … oh, ich habe sie geliebt, ja gelebt, am eigenen Körper, irgendwie …

Das Merkmal der Gegenwart ist ein durch Algorithmen gesteuertes Bereicherungs-, Enteignungs- und Zentralisierungsprinzip. Seine Verwirklichung erfährt es im Zählen weltumspannender optoelektronischer Impulse.

Insbesondere die elektronische Vernetzung soll angeblich durch Reduktion des Papierverbrauchs eine umweltschonende Technologie sein. Sieht man sich allerdings das Volumen verkaufter und installierter Drucker und die Menge und Vielfalt der angebotenen Papiere an, ist die Fadenscheinigkeit dieser Argumentation geradezu sichtbar. Von dem nicht zu überbietenden materiellen und energetischen Aufwand für Aufbau und Betrieb dieser Netze soll erst gar nicht gesprochen werden. Allein die nicht endenden Baustellen in Berlin geben ein beredtes Bild ⇨Kabelschächte, Verteilerkästen, Antenneninstallationen, …

Die daraus generierte Kulisse – sterile Einkaufshallen, Parks, Straßen, Banken, Industrieanlagen, Güterverkehr, Wegebefestigungen im Wald, … - stellen in gleicher Weise eine Vererbung dar wie das Genom. Boden oder Kulisse und Organismus lassen sich nicht trennen. Die Anpassung allen Lebens auf die Maschine bedeutet, etwas lässt sich in seinem Verhalten raum-zeitlich beschreiben; es ist **predictable = leblos**.

Zu f): Für *biologische Lebewesen* gibt es das Revier bzw. die Umwelt – sie ist kein Besitz. Lebewesen erforschen und gestalten die Lebendigkeit ihrer Umwelt, indem sie sich in ihr am Leben halten. Dies kann dazu führen, dass das Lebensumfeld mit dem eigenen Leben verteidigt wird (⇨• Hambacher Forst, Besetzer gegen RWE und Landesregierung, • die *Tengarim* im brasilianische Urwald gegen Rodung und Bergbau), aber auch zu Kooperationen, Gesellschaften, Siedlungen oder Völker. Es handelt sich dabei nicht um ein evolutionäres (survival of the fittest), sondern um ein existentielles, auf das Dasein bezogenes Prinzip.

Biologische Wesen sind ursprungsfrei[15], ereignis- und verhaltensorientiert und selbstgestaltend; sie brauchen weder Führer noch Untertanen. Sie organisieren sich im gegenseitigen Einvernehmen bzw. gemäß der im Genom und ihrer Lebensumgebung bereits enthaltenen *Mitgift* – was Konflikte keineswegs ausschließt - oder bleiben Einzelgänger. Das ist nicht einfach Wildheit – es ist der lebenserhaltende Impuls vermittelt über Vererbung, das eigene Wesen mit dem Wesen der Umgebung (Kulisse, Landschaft, Attrappe), des Bodens und den auf und in ihm lebenden Wesen so zu verbinden, dass das *Vergängliche* und die *Ewigkeit* als individuelles und / oder kollektives Erleben sich gegenseitig erhalten.

Beim Menschen ist dieses Prinzip außer Kraft gesetzt; er steht unter dem über die Kerntechnologie freigesetzten und dadurch anwachsenden Einfluss des **Vergänglichen** => Produktivität, erdrückende Materialflut und Konsum.

Zu g) -> *Sprache* ist die Fähigkeit der Erde als *Klangkörper,* Ereignisse anzukündigen bzw. sie zu begleiten aber auch ihre Folgen auszudrücken. Zur

---

[15] Die Geburt ist nicht Bestandteil der eigenen Erinnerung, die Entstehung des Lebens bleibt Spekulation.

Sprache gehören die Gebärde, der Geruch, die Farben, Gestalt, Wolken, Hindernisse usw., also alles, was sich über die Sinnesorgane erschließen lässt.

Verstehen der unterschiedlichen Sprachen erfolgt über die *Wahrnehmung*, die andere Seite des Sinnlichen. In der menschlichen Sprache wiederum findet auch die Gemütslage des Daseins ihren Ausdruck – im Berlin des Jahres 2019 sind es Lärm, Beleuchtung und Reklame, zugeparkte Straßen, Fußgänger- und Radwege, Hektik, gefällte oder stressgeplagte Bäume, Investoren, Immobilienhaie, 5 G, …

Die dem Menschen zugerechnete Gewalt – Kriege, Ausbeutung, Unterdrückung, Fortbewegungsmaschinen, … – ist gegen ihn selbst gerichtet und deutet darauf, dass eine andersartige „Intelligenz" menschliches Verhalten in ihrem Sinne zu beeinflussen und zu steuern vermag. Dabei bedient sie sich

- der Illusion, Weg pro Zeiteinheit sei ein naturgesetzliches Phänomen[16],

- niederer Beweggründe wie Prunk- und Habsucht, des Geisterglaubens (Auto, Hendi, diverse Medien, elektrische Energie, *Mutter Industrie,* Genetik, usw.) und

- der der menschlichen Anatomie sowie seiner durch Religionen und Ideologien vorbereiteten mentalen Fügsamkeit bzw. Überheblichkeit und seiner operativen bzw. handwerklichen Fertigkeiten.

Zwei Kräfte hatten bisher prägenden Einfluss auf gesellschaftliche Entwicklungen: der Komparativ ⇨ Leistungsdaten, Wirtschaftswachstum, Besitz, …) und der strafende und belohnende Gott, Staat, Arbeitgeber, Lehrer, Industrie, … In beiden Fällen ist Unterwürfigkeit gefordert.

Die Spuren der Bibel zu beseitigen ist von gleicher Tragweite wie die Spuren und insbesondere Schäden der destruktiven Kommunikations-, Energie- und Transporttechnologien zu beseitigen.

Aus analytischer, ökonomischer und emotionaler Sicht sind alle Voraussetzungen für die *Deproduktion* gegeben!

---

[16] Auch wenn die Elektronik Menschen zu suggerieren vermag, sie könnten durch Bild- und Tonübertragung gleichzeitig an mehreren Orten sein, kann immer nur ein Standpunkt als Erlebnisgrundlage genommen werden – der virtuelle oder der reale. Die gemessene Zeit dagegen spielt für das Empfinden von Dasein überhaupt keine Rolle. Ich muss nicht auf die Uhr sehen, um zu wissen, wo, was oder wer ich bin, außer ich betrachte die Uhr als Orientierungsmerkmal (Kirchenuhr, Standuhr, Uhrenladen, …). Weg pro Zeiteinheit ist nur in Verbindung mit Maschinen vorhanden, sonst nicht ⇨Navi, Produktionszahlen, Abfahrt, Ankunft, ….

Natur ist Ausdruck des Bewusstseins von Sein.

Rubrik: Beschreibung eines nicht hierarchischen Kartenspiels

Text: ein meditatives Kartenspiel, Schriftart: Times New Roman

Anmerkung: das Spiel enthält eindeutige Hinweise auf eine *reversible Ökonomie*, die mit diesem Spiel eingeläutet werden soll. Der Schluss liegt nahe: jedweden irgendwie belebten Boden als Wert, als höchsten Wert anzusetzen.

Aus dem Text wurden Hinweise, die auf die Autorenschaft schließen lassen, entfernt.

---

ein meditatives Kartenspiel

Anregung zu diesem Spiel – eine synaptische Einleitung

„Seit 1954 entwickelte Maturana[17] eine neue Theorie der Existenz und Evolution lebender Systeme. Er bezeichnet diese als autopoietische Systeme, d.h. Systeme, die sich durch Selbstorganisation selbst erschaffen und unter den wechselnden Beziehungen zur Umwelt voll funktionsfähig erhalten (Autopoiese)."[18] Maturana und sein Schüler und Mitarbeiter F. Varela[19] bezeichnen dieses für alle Lebewesen geltende Prinzip als „Autopoiesegesetz".

Werke (Auswahl): "Erkennen. Die Organisation und Verkörperung von Wirklichkeit" (1982), "Der Baum der Erkenntnis. Die biologischen Wurzeln des menschlichen Erkennens" (mit F. Varela, 1984), "Liebe und Spiel. Die vergessenen Grundlagen des Menschseins" (mit G. Verden-Zöller, 1993), "Biologie der Realität" (1998)."[20]

Kein Wesen kann ohne Boden leben und alle Lebewesen stehen auf unerforschte Weise in Beziehung zueinander. Die Erde als Ganzes ist eine autopoietische Wirklichkeit, der Boden ein Organ, dessen Bedeutung, Wirkung und Komplexität erst allmählich ins menschliche Bewusstsein rückt.

Das Kartenspiel ist als Gegenbewegung zu der technologischen Übersättigung im Jahre 2019 entstanden. Es ist der Nachweis zu erbringen, dass der Mensch in der Lage ist, im Prozess des autopoietischen Gestaltens dem Boden seine Besonderheit, Lebendigkeit und Vielseitigkeit wieder zurückzugeben.

Ende 2019 wurde in der chinesischen Stadt Wuhan erstmals der *Coronavirus* nachgewiesen. Inzwischen hat er sich weltweit verbreitet, insbesondere in

---

[17] Humberto Romesin Maturana, * 1928, chilenischer Neurowissenschaftler

[18] Quelle: Spektrum der Wissenschaft, https://www.spektrum.de/lexikon/neurowissenschaft/maturana/7458

[19] Francisco Varela, *1946, †2001, chilenischer Neurowissenschaftler und Philosoph

[20] Quelle: Spektrum der Wissenschaft, https://www.spektrum.de/lexikon/neurowissenschaft/maturana/7458

Europa. Auch eine Folge übermäßiger Mobilität und extrem hoher Bewohnerdichte. Die von der WHO vergebene Bezeichnung der durch den Virus verursachten Erkrankung ist Covid-19 und steht für *Coronavirus Disease 2019*. Es ist nicht das erste Mal, dass die „höchste Organisationsform" die Tatsache zur Kenntnis nehmen sollte, dass er nicht der einzige *global player* auf dieser Erde ist, er ist *Opfer seiner Desorientierung*. Er teilt sein Dasein mit vielen anderen, einer davon ist der Boden, auf dem er steht. Dessen Besonderheit lässt sich mit dem Satz – *er gibt nur das her, was er hat* – umschreiben, aber auch – *wenn er es nicht hat und ein biologischer Ertrag erzielt werden soll, muss er sich entsprechend seiner Umgebung regenerieren oder es müssen ihm auf technologischem Wege Nahrung, Schutzmaßnahmen und Mineralien zugeführt werden*. Ein Aufwand, der bei angemessenem Umgang selbstständig erfolgt.

Aus einem etwas anderen Blickwinkel lässt sich Autopoiese auch so darstellen:

Die Eigenschaft *autopoietischer Systeme* ist durch die Dynamik ihrer Organisiertheit bestimmt und der Tatsache, dass sie einer spontanen Organisation entspringen und keinem sichtbaren äußeren Einfluss, also einem speziellen, geplanten Herstellungsverfahren. Organismen sind materielle Organisationen zum Selbstzweck. Jeder Organismus oder jede Lebensform enthält einen eigenen Schöpfungsauftrag: entdecke dich!

Um sich diesem eigenwilligen Evolutionsprinzip zu nähern, schlägt Maturana vor, dass es sich in Anlehnung an Heinz von Foerster[21] um einen *circulus virtuosos* handelt, um einen wirklich tiefgründigen und kunstvollen Zirkelschluss. Perzeption[22] und Illusion sind von sich aus nicht zu unterscheiden, so Maturana, mit der Konsequenz, dass die Unterscheidung zwischen einem Innen und Außen uninteressant ist. Wir sind wie wir sind, und das, was wir erleben als *autopoietisches System*, sind wir. Ein Erkenntnisprozess nur für sich - Selbstzweck und Selbst*bewunderung*.

Doch so ganz scheint den beiden das nicht zu behagen, denn sie schlagen eine Verantwortung des Menschen vor, für das, was er tut. Diesen Augenblick nennen sie *Erkennen des Erkennens*[23].

Dies ist eine etwas verzwickte Betrachtungsweise, zwingt sie doch dazu, nicht nur etwas zu erkennen, sondern auch die Bedeutung der Erkenntnis zu erkennen. Es ist damit etwas wie ein roter Faden da, der sichtbar macht, wann der

---

[21] Österreichisch. - US-amerikanischer Philosoph und Mitbegründer der Kybernetik, * 1911, † 2002.

[22] Sinneseindrücke, die sich auf Grund einer den Sinnen adäquaten Außenwelt einstellen, im Deutschen entspricht es der Wahrnehmung.

[23] Kurt Ludewig und Humberto R. Maturana, *Die Gespräche*, von Kurt Ludewig im Jahr 2006 vollständig revidierte Version der Übersetzung aus dem Spanischen von José R. Rama-Souto aus dem Jahr 1994 steht im Netz. S. 52, Aussage Maturana. Ein Prozess, der die Verbindung zur Ewigkeit herstellt, sie erahnen lässt.

autopoietische Zustand durch sein Verhalten gefährdet ist. Das Verhalten setzt weder ein Innen noch ein Außen voraus, es erfährt sich einfach als solches. Unklar ist, ob ein anderes Verhalten aus einem Entschluss hervorgeht oder ob einfach eine stimmungsmäßige Interaktion stattfindet. In jedem Fall ist die Tatsache, sich als Organismus zu erkennen, als ein Wunder zu bezeichnen, da es keiner sichtbaren physikalischen oder chemischen Wirk- und Hervorbringungsweise entspricht. Dabei handelt es sich keineswegs um ein System, das sich steuern ließe, sondern um das Zusammenspiel sensibler, aufeinander angewiesener bzw. miteinander agierender Wesen. Sowohl in den Zellen von Organismen als auch auf ihrer Oberfläche und in Organen leben Mikroorganismen, Phagen bzw. Viren mit einer auf ihren Wirt ausgerichteten autopoietischen Wirksamkeit.

Der Corona-Virus ist eine dieser autopoietischen Hervorbringungen, die die Handlungsunfähigkeit des Menschen (verpasstes Anthropozäen) nutzte (Fliegerei, globale Handels- und Touristenströme), um das **Virozäen** einzuläuten. Wir befinden uns mittendrin, mit der bangen Frage, ob das Diesseits bzw. das Dasein wert ist, uns mit dem Virus zu verbinden bzw. seine Botschaft der Selbstvernichtung zu beherzigen und die sinnlose Produktion, Generalmobilisierung und Vergeudung des Bodens und biologischer Sensibilität zu beenden => Deproduktion, reverse Ökonomie.

Die Karten und ihre Bedeutung

Das Spiel besteht aus 32 Karten und einem *Wender*.

Die 32 Karten bestehen ähnlich beim Skat aus vier Symbolen mit jeweils acht Karten. Die Symbole beziehen sich auf die Art der Base, die die Erbanlagen im Chromosomensatz kodiert, also wie eine Art Programm fungieren. Dabei handelt es sich um ein Ringmolekül, das sich über die sog. Protonenbrücke (sie bilden sich über die Elemente, die in den gelben Kästchen aufgeführt sind, H für Wasserstoff, N für Stickstoff, O für Sauerstoff) mit seinem Gegenpart verbinden kann. Die Genetik hat entsprechend Tafel 1 die Bezeichnungen der Basen festgelegt.

Diese vier Basen kommen innerhalb der Erbanlagen immer nur als Paare vor:

> *A* immer nur mit *T* und umgekehrt

> *C* immer nur mit *G* und umgekehrt

A und *T* sind von brauner Farbe, *C* und *G* von grüner. Gepaart werden nur gleiche Ziffern einer Farbe. Die Umkehrung hat ihren Grund darin, dass die Erbanlagen immer nur von einem Strang gelesen werden und alle vier Basen daran beteiligt sind. Die Basenpaare sind in einem spiralförmigen biegsamen Kristall, das aus zwei Strängen eines kettenförmigen Zuckers besteht, angeordnet. Einer davon ist der Lesestrang. Der Gegenstrang enthält ebenfalls Gene, die in entgegengesetzter Richtung gelesen werden.

Tafel 1: Die vier Basen des Genoms und ihre Konnektoren

Die Konnektoren bilden über die elektronegativen Elemente O und N mit dem elektropositiven H der gegenüberliegenden Base so genannte Wasserstoffbrücken. Sie sind sehr viel schwächer als chemische oder kovalente Bindungen, sind aber aufgrund der Anzahl stark genug, um eine stabile Struktur zu erhalten. Das Basenpaar $A \Leftrightarrow T$ wird durch die Wasserstoffbrücken zwischen H und O und N und H verbunden.

Im Kartenspiel sind wie im Genom beide Kombinationen, also $A \Leftrightarrow T$ und $T \Leftrightarrow A$, eines Basenpaares erlaubt.

Von jedem Buchstaben gibt es eine Karte, die mit „~" versehen ist. Diese Karte bildet den *Recycler*; auf ihm können von 1 aufsteigend Karten des gleichen Buchstabens aus dem Spiel genommen werden. Wenn also „*A~*" vorhanden ist, kann eine „*A1*" abgelegt werden.

Zu jedem Buchstaben gibt es sieben Zählkarten, so dass maximal 14 Paare gebildet werden können.

Der *Wender* ist eine Karte außerhalb der Spielkarten und dient dazu, die Anzahl Durchläufe anzuzeigen. Er geht von 1 bis 3 und wird nach jedem Durchlauf in Richtung des angezeigten Pfeils gewendet. Der Gebrauch des *Wender* ist wahlweise.

Spielvorbereitung

a) Entdeckungstour: Paarbildung und Recycler

Der *Wender* kann dabei zur Seite gelegt werden. Nachdem die Karten gut gemischt sind, werden drei Karten vom abgedeckten Stapel nebeneinander aufgedeckt. Die abgedeckten Karten bilden den *Boden*, die drei oder vier aufgedeckten Karten – das kann jeder für sich entscheiden –bilden den *Samen*.

Zunächst wird geprüft, ob eine aufgedeckte Karte eine *Recyclerkarte* ist. Sie bilden oberhalb des *Samen* den *Recycler*, für jeden Buchstaben einen eigenen.

Nun werden drei Karten vom *Boden* aufgedeckt und geprüft, ob die oberste Karte mit einer Karte des *Samen* gepaart werden kann. Wenn z.B. ein *C2* aufgedeckt wurde und im Samen sich ein *G2* befindet, ist das erste Paar entstanden. Wenn die nächste Karte des Bodens die gleiche Farben hat, kann sie an das Paar angelegt werden, zum Beispiel eine *G4*, und so weiter.

Dieser Ablauf zeigt bereits die Beziehung zwischen Organismus und Boden. Im Boden liegen jedoch nicht die Basen selbst vor, wie in dem Kartenstapel, sondern deren Bestandteile müssen mit dem Wasser über die Nahrung und den daran anschließenden biochemischen Prozessen aus dem Boden herausextrahiert werden. Nur dann können die Basen auch gebildet werden.

Das Ziel dieses Spiels ist, möglichst viele Paare zu bilden. Das Spiel kann solange fortgeführt werden, wie im Boden Karten sind. Wenn innerhalb eines Durchlaufs keine Karte ins Spiel kommt, ist das Spiel zu ende. Anschließend kann gezählt werden, wie viel Paare gebildet wurden.

b) *Autopoiese*

Der *Wender* wird mit der „1" nach oben auf den Tisch gelegt. Die 32 Karten werden gut gemischt. Da entgegen den üblichen Spielkarten kein beidseitiges Bild vorliegt, ist auf der Rückseite der Karten ein Schriftzug, der beim Mischen und Verteilen zum Spieler zeigen sollte. Von diesem Stapel werden die Karten folgendermaßen gelegt:

1. Die erste Karte wird aufgedeckt, die folgenden vier werden abgedeckt in eine Reihe gelegt. Diese Karten bilden den *Samen*.

2. drei Karten werden vom Stapel unterhalb des Samens separat abgelegt, sie bilden das Reservoir, den *Boden*.

3. die zweite Karte wird auf Position 2 von *Samen* aufgedeckt, die restlichen abgedeckt auf die übrigen drei Positionen gelegt.

4. drei Karten vom Stapel zum *Boden* legen.

5. wie Punkt 3. Fortfahren, bis fünf unterschiedlich hohe Stapel mit einer aufgedeckten Karte vorliegen. Der Rest der Karten wird zu *Boden*.

Spielverlauf

Zunächst wird geprüft, ob eine aufgedeckte Karte eine *Recyclerkarte* ist. Sie bilden oberhalb des *Samen* den *Recycler*. Ähnlich dem As bildet jeder Buchstabe einen eigenen *Recycler*.

Findet sich im *Samen* das Gegenüber zu einer gleichen Farbe, also zu einem *A5* das *T5*, so kann entschieden werden, welches an wen angelegt wird. Im Anschluss an das Paar kann eine weitere Karte der gleichen Farbe angelegt werden. Diese kann vom *Samen* kommen oder vom *Boden*. Ziel ist es, möglichst viele Paare zu bilden und alle Karten vom *Samen* aufzudecken.

Wenn ein freier Platz entsteht, so können entweder die aufgedeckte Karte eines Samenstapels dorthin verschoben werden oder auch vorhandene Paarfolgen. Sollten sich darunter noch *Samen*-Karten befinden, wird die oberste aufgedeckt. An ein Paar kann im 1. Durchlauf nur eine Einzelkarte angelegt werden, für das dann das entsprechende Gegenstück zu finden ist. Das Ziel ist, möglichst viele Paare zu bilden.

Vom *Boden* werden immer drei Karten aufgenommen und gewendet. Wenn die oberste Karte zu einer *Samen*-Karte passt, wird diese angelegt. Nun kann entschieden werden, ob eine Karte entsprechender Farbe an das gebildete Paar vom *Boden* angelegt wird oder vom *Samen*. Wenn alle Karten des *Boden* aufgedeckt wurden, kann über den weiteren Verlauf entschieden werden. Drei Durchläufe sind möglich. Ob ein weiterer Durchlauf gewünscht wird hängt davon ab, wie die Lage beurteilt wird. Wenn aus dem aufgedeckten Boden <u>keine</u> Karte abgelegt werden konnte, ist das Spiel beendet und zählt 0. Wenn nach dem 1. Durchlauf beendet wird, so zählt die Anzahl Paare des *Samens* doppelt.

Wenn ein weiterer Durchlauf gewünscht wird, wird der *Wender* auf 2 gestellt und der aufgedeckte *Boden* ebenfalls gewendet. Ab dem 2. Durchlauf können auch Stapel vom *Samen* an gebildeten Paaren angelegt werden. Wird nach dem 2. Durchlauf beendet, so zählt die Anzahl Paare, nach dem 3. Durchlauf, *Wender* auf 3, nur die Hälfte der Anzahl Paare, bei ungerader Anzahl wird aufgerundet.

Wird das Spiel beendet, weil der *Boden* keine Karte mehr hat, so zählt das erzielte Ergebnis doppelt. Wenn noch nicht alle Karten des *Samen* aufgedeckt wurden, dürfen bereits aufgedeckte Kartenstapel auch im 1. Durchlauf an Paarungen der gleichen Farbe angelegt werden.

Wenn im *Recycler* alle vier Bodenkarten liegen und keine Zahlenkarte sich darauf befindet und der *Boden* keine Karte mehr enthält, wird das Ergebnis nochmals verdoppelt und auch die folgenden zwei Spiele zählen doppelt.

Die höchste erreichbare Anzahl Paare ist 14. Die maximale Punktzahl eines Spiels kann das 16-fache davon betragen

Da die Autopoiese eine zentrale Rolle im Verhältnis von Boden und Bioorganismen spielt, sind Symbole und ihre Bilder dem gegenwärtigen

Verständnis des Biologischen entnommen. Die vier Basen des Genoms liefern dafür einen geeigneten Bezug. Auf diese Weise kann das Kartenspiel zur Meditation über eine höchst komplexe Beziehung verwendet werden.

Der freie Platz auf der Karte steht für Bilder, die diese Beziehung visualisieren. In einer elektronischen Variante[24] kann für die Motivgestaltung eine Ausschreibung erfolgen, an der insbesondere Schulen, wissenschaftliche Einrichtungen oder Künstler zur Teilnahme aufgerufen sind. Sie können auch in der Phantasie eingesetzt werden, etwa:

- Das Bodenmotiv, das „~", zeigt Böden: ein Moor, eine Uferböschung, ein Flussufer, eine Steppe, Geröll, Müllberge, Lagerbauten, …

- Das Zahlenmotiv zeigt Pflanze oder Tier oder Blüten oder Blätter oder Merkmale wie Augen, Krallen, Flügel usw. in ganz beliebiger Reihenfolge. Im Genom ist die Kombinatorik, die Anordnung der Sequenzen das Entscheidende, sie bestimmt das Lebewesen.

Autopoiese ist die Fähigkeit, den überquellenden technologischen Schrott bestmöglich in den Kreislauf der Erde zurückzuführen.

Technologiekritik

Der Energiebegriff beruht auf Unterschlagung der mit ihrer maschinellen Erzeugung verbundenen gesellschaftlichen und ökologisch-biologischen Verhältnisse; sie finden sich in keiner Formel. Jegliches technisches Produkt bedarf exothermer Prozesse. Das Biologische reguliert seinen Energiebedarf über den Stoffwechsel, seine Bewegung und indem zu große Hitze oder Kälte gemieden werden. Aufgrund seiner Selbstbezüglichkeit und Erinnerungsfähigkeit ist es in der Lage, Vorgänge rückgängig machen zu können und aufgrund von Erfahrung Vorsicht zu entwickeln.

Die Selbstvernichtung ist nicht vorrangiges Ziel des Biologischen, an ihrer Stelle tritt die **Autopoiese**, das zu Entdeckende, sich Wahrnehmende, sich am Leben erhaltende und sich Gestaltende.

---

[24] Die elektronische Variante kommt für das Fundraising zum Einsatz, ist demnach Teil der Projektdurchführung. Es solle eine möglichst breites Publikum erreicht werden, dem die Besonderheit der bei der Gründung von Groß Berlin 1920 als „Waldstadt Berlin" zur Kenntnis gebracht wird.

Anordnung der Karten bei Kartenlegen 1 bis 3

Grundanordnung der Karten nach ersten *Kartenlegen*; es entstehen drei verschiedene Felder:

- Samen, bestehend aus fünf nebeneinander liegenden Kartenstapel,
- Wender mit der 1 nach oben
- Boden, nach erstem Durchlauf aus drei abgedeckten Karten bestehend

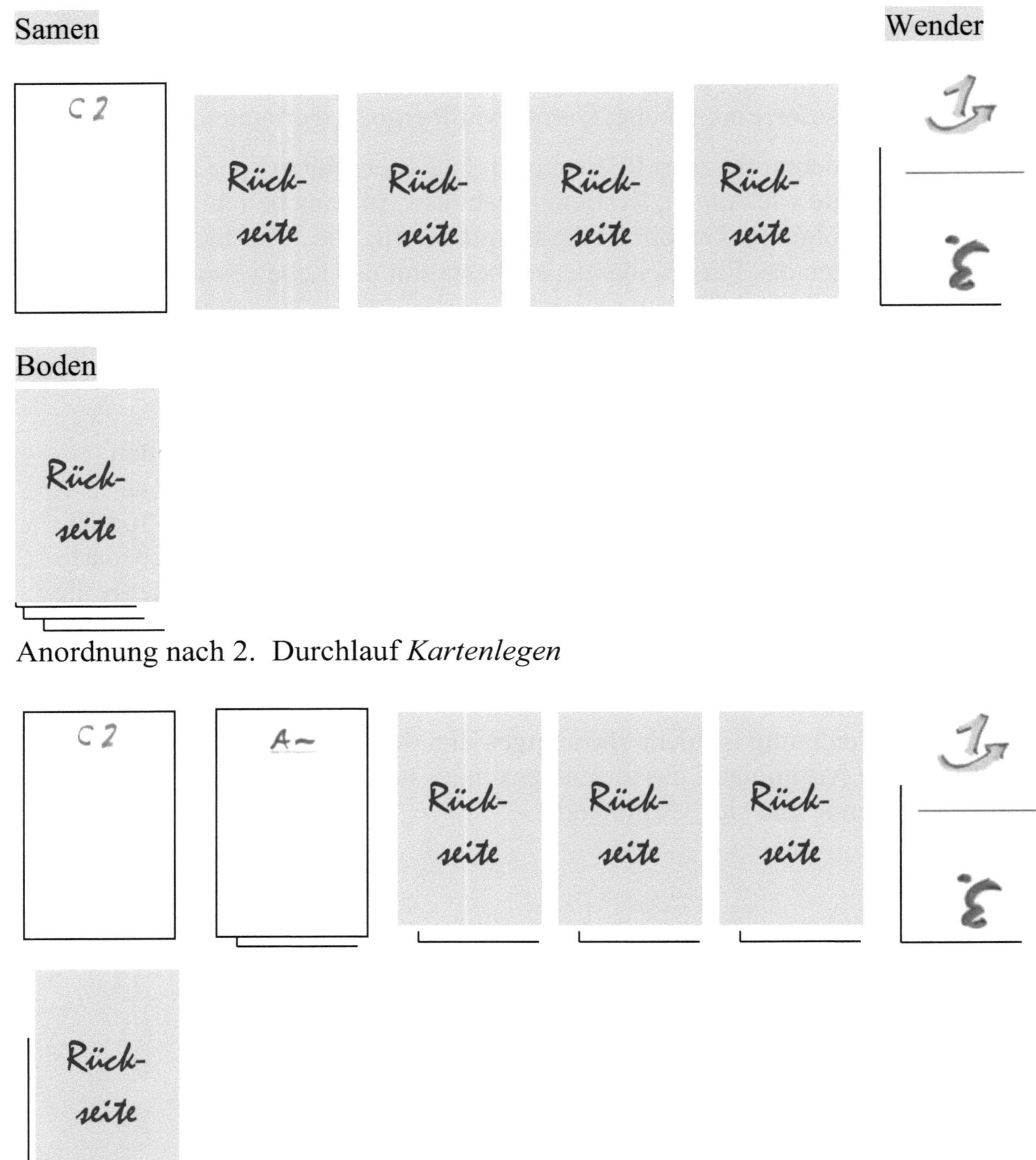

Anordnung nach 2. Durchlauf *Kartenlegen*

Anordnung nach erstem Auslegen; eine Recycler-Karte zu A wurde im Samen gefunden und entnommen. A3 und T3 können gepaart werden. An dieses Paar kann A5 angelegt werden. Die freigewordenen Samenkarten werden aufgedeckt.

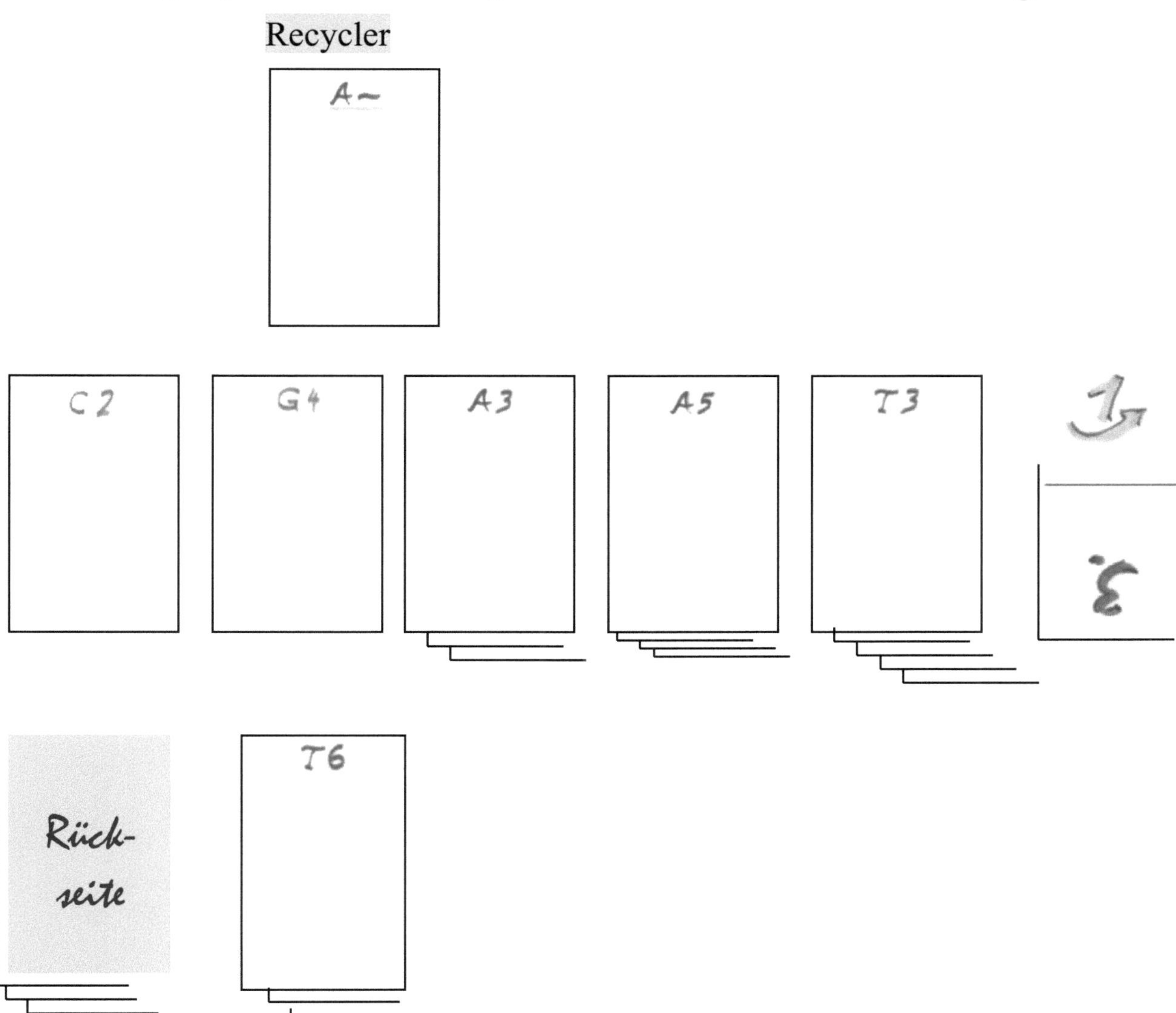

Rubrik: europäische Quellen zum Naturschutz

Text: Decoupling Debunked (Entkopplung entlarvt), Sprache: englisch, Schriftart: -

Anmerkung: Produktion beschränkt sich auf die Herstellung von Schrott. Entkoppelungsreport, aus dem Netz entnommen. Siehe: eeb.org/library/decoupling-debunked

Bericht Nr. 3201

Date of publication: July 2019

Authors of the report:

Timothée Parrique, Centre for Studies and Research in International Development (CERDI), University of Clermont Auvergne, France; Stockholm Resilience Centre (SRC), Stockholm University, Sweden

Jonathan Barth, ZOE.Institute for Future-Fit Economies, Bonn, Germany

François Briens, Independent, Informal Research Centre for Human Emancipation (IRCHE).

Christian Kerschner, Department of Sustainability, Governance, and Methods, MODUL University Vienna, Austria; Department of Environmental Studies, Masaryk University, Czech Republic

Alejo Kraus-Polk, University of California, Davis, USA

Anna Kuokkanen, Lappeenranta-Lahti University of Technology, Lahti Finland

Joachim H. Spangenberg, Sustainable Europe Research Institute (SERI Germany), Cologne, Germany

The full report should be referenced as follows:

Parrique T., Barth J., Briens F., C. Kerschner, Kraus-Polk A., Kuokkanen A., Spangenberg J.H., 2019. Decoupling debunked: Evidence and arguments against green growth as a sole strategy for sustainability. European Environmental Bureau.

Corresponding author: tparrique@gmail.com

Report available online at: <u>eeb.org/library/decoupling-debunked</u>

Report produced for and disseminated by:

      The European Environmental Bureau www.eeb.org

      With the assistance of:

      Deutscher Naturschutzring https://www.dnr.de/

      With research support from:

      Zoe. Institute for Future-Fit Economies https://zoe-institut.de/en

Acknowledgements

We would like to thank everyone who has contributed to this report in various ways: Sam Bliss, Maria Brück, Martin Bruckner, Iñigo Capellán Pérez, Mikuláš Černík, Fabrice Flipo, David Font, Jaune Freire, Mario Giampetro, Stefan Giljum, Christoph Gran, Klaus Hubacek, Theresa Klostermeyer, Anna-Lena Laurich, Nick Meynen, Patrizia Heidegger, Simon de Muynck, and Hannah Strobel. Special thanks to Kristin Langen for initiating the project.

The responsibility for errors remains with the authors.

Lay-out and printing: Cooperative eco-printery De Wrikker cvba - www.dewrikker.be

Illustrations: Gemma Bowcock (EEB)

Introduction

Is economic growth compatible with ecological sustainability? Almost half a century after the publication of the Meadows report "Limits to growth" and Sicco Mansholt's letter to the President of the European Commission in 1972 in defence of a shift away from the pursuit of economic growth, the relation between Gross Domestic Product (GDP) and environmental pressures remains a matter of fierce political debate.

The debate has two main sides. Proponents of what has been named "green growth" argue that technological progress and structural change will enable a decoupling of natural resources consumption and environmental impacts from economic growth. On the other hand, advocates of "degrowth" or "post-growth" argue that, because an infinite expansion of the economy is fundamentally at odds with a finite biosphere, the reduction of environmental pressures requires a downscaling of production and consumption in wealthiest countries, which is likely to result in a decrease in GDP compared to current levels. On one side, green growth advocates expect *efficiency* to enable more goods and services at a lower environmental cost; on the other, degrowth proponents appeal to *sufficiency*, arguing that less goods and services is the surest road to ecological sustainability.

Today, the green growth narrative dominates most political circles. In 2001, the OECD officially adopted decoupling as a goal, which later came to play a key role in its strategy *Towards Green Growth* (2011).[1]

It was then followed by the European Commission who, in its 6th Environment Action Programme (*Environment 2010: Our Future, Our Choice*), announced its objective to "break the old link between economic growth and environmental damage" (EU Commission, 2001, p. 3). The commitment of "decoupling growth from resource use" was repeated in the EU Roadmap to a Resource-Efficient Europe (European Commission, 2011), and in the United Nations Environment Programme's strategy on green economy (2011a, p. 18) where green growth was expected to "significantly reduce environmental risks and ecological scarcities."[23] Soon after, the World Bank joined the bandwagon with *Inclusive Green Growth: The Pathway to Sustainable Development* (2012).[4]

---

1 Which they defined as the "breaking of the link between 'environmental bads' and 'economic goods' " (OECD, 2002, p. 1).

2 "A key concept for framing the challenges we face in making the transition to a more resource efficient economy is decoupling. As global economic growth bumps into planetary boundaries, decoupling the creation of economic value from natural resource use and environmental impacts becomes more urgent" (UNEP, 2011b, pp. 15–16, italics added).

3 "Target 8.4: Improve progressively, through 2030, global resource efficiency in consumption and production and endeavour to decouple economic growth from environmental degradation, in accordance with the 10-Year Framework of Programmes on Sustainable Consumption and Production, with developed countries taking the lead" (italics added).

4 For the World Bank (2012): inclusive green growth is "economic growth that is efficient in its use of natural resources, clean in that it minimizes pollution and environmental impacts, and resilient in that it accounts for natural hazards and the role of environmental management and natural capital in preventing physical disasters."

Since 2012, the 7th Environmental Action Programme guiding the European Commission's environmental policy until 2020 *Living well, within the limits of our planet* (European Commission, 2013) calls for "an absolute decoupling of economic growth and environmental degradation." And in 2015, decoupling became a specific target in the Sustainable Development Goals.

Green growth has dominated the discussion and set most of the environmental agenda based upon the expectation of a decoupling of economic growth and environmental pressure. A situation with such high stakes calls for a careful assessment to determine whether the scientific foundations behind the decoupling hypothesis are robust or not. This is the subject of this report, and as its title clearly indicates, we have found insufficient theoretical and empirical support to warrant the hopes currently placed in decoupling.

The literature on decoupling is abundant. Starting in 2011, the United Nations Environment Programme (UNEP) has produced a series of report on the topic (UNEP, 2011b, 2014a, 2015). Searching the keywords "decoupling economic growth" on Scopus delivers more than 600 articles, most of them empirical. On such a controversial topic, one would expect wide divergence in results. Yet, as we will show in the second section of this report, disagreements within that literature mainly result from slight variations in the way decoupling is defined and measured. Once these methodological quirks are set aside, findings converge towards showing that there is no robust evidence justifying the idea of decoupling as a single or main policy strategy as it is currently promoted by green growth advocates.

This report is organised in three sections. First, we define what decoupling means and specify the different forms that it can take. The main point of this section is that behind one term hides various different meanings or situations, some of them more desirable than others. In the second section, we review the empirical literature on the topic as to assess whether or not there is evidence of decoupling having occurred in the past. Our finding is that current scientific knowledge does not support the hypothesis of the type of decoupling that would be necessary to effectively address climate change and other environmental crises. In the third section, we discuss how likely is decoupling to occur in the future and find that probabilities are too thin to warrant the current central focus placed on the concept in policy making. In conclusion, the main claim of the report is that green growth, that is, economic growth that is sufficiently decoupled from environmental pressures is not possible and should thus not be the primary objective of environmental policy.

Rubrik: Bild, Schrift, Farbe

Text: Leben / Boden,
Farbstifte